山西省基础研究计划项目：项目名称"基于 3D 打印的多组分聚合物
在掩膜及衬底诱发下的自组装机理研究",项目编号:202103021223386
国家自然科学基金青年基金项目：项目名称"补丁纳米粒子聚合诱导
自组装结构的形成机制与调控",项目编号：22403059

聚合物纳米复合材料
在不同调控手段下的相行为

郭宇琦　著

中国原子能出版社

图书在版编目（CIP）数据

聚合物纳米复合材料在不同调控手段下的相行为 /
郭宇琦著. -- 北京 ：中国原子能出版社, 2024. 11.
ISBN 978-7-5221-3881-7

Ⅰ. TB383

中国国家版本馆 CIP 数据核字第 20247U4V29 号

聚合物纳米复合材料在不同调控手段下的相行为

出版发行　中国原子能出版社（北京市海淀区阜成路 43 号　100048）
责任编辑　潘玉玲
责任印制　赵　明
印　　刷　北京天恒嘉业印刷有限公司
经　　销　全国新华书店
开　　本　787 mm×1092 mm　1/16
印　　张　7.5
字　　数　109 千字
版　　次　2024 年 11 月第 1 版　2024 年 11 月第 1 次印刷
书　　号　ISBN 978-7-5221-3881-7　　　定　价　46.50 元

网址：http://www.aep.com.cn　　　　E-mail：atomep123@126.com
发行电话：010-68452845

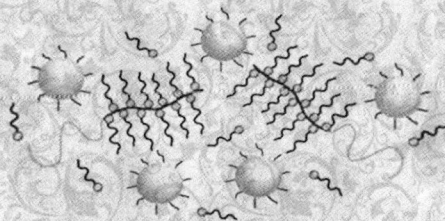

作者简介

　　郭宇琦，女，汉族，1988 年 10 月出生，籍贯为山西省临汾市。2017 年
6 月毕业于山西师范大学化学与材料科学学院，博士研究生。2017 年 8 月至
今任职于吕梁学院化工与材料工程系，副教授，硕士生导师，主要从事凝聚
态物理的研究工作。

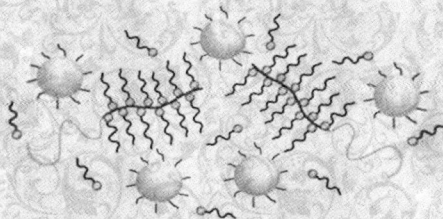

前　言

聚合物纳米复合材料是材料领域中的后起之秀，是人们在长期的生产实践和科学实验的基础上逐渐发展起来的一种新型材料。随着合成工业技术的发展，对聚合物纳米复合材料相行为的研究由于它潜在的应用价值而显得日益重要。

本书介绍了聚合物纳米复合材料自组装和相分离研究的基本概念及基本理论，并详细地介绍了在不同调控手段下多组分聚合物的相行为。其中，包括不同性质纳米棒诱导下的非对称嵌段共聚物、单一纳米棒诱导下的不对称嵌段共聚物/均聚物复合体系，以及外场诱导下两种两嵌段共聚物复合体系的相转变及其自组装行为，且在最后对后续拟开展的相关工作作了简单介绍。

本书对于从事软物质物理和高分子物理的研究工作者来说具有一定的参考价值，也可作为软物质物理和高分子物理及相关学科研究生的入门参考书。作者希望以本书为媒介，与从事高分子专业的科研人员、教师及工程技术人员，进行交流，以求切磋学问，精益求精，共同提高。

书中缺漏、失误之处在所难免，恳请诸位师长及读者朋友不吝指正。同时，作者为佐证理论，引用了很多国内外专家学者的专著及论文中的公式图表，在此一并表示感谢。

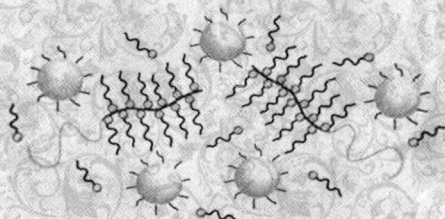

目　　录

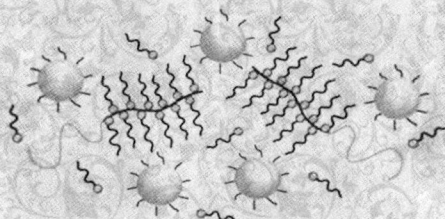

第 1 章　绪　论

1.1　前　沿

1.1.1　软物质

　　"软物质"这一概念起源于 1991 年，由被誉为当代牛顿的皮埃尔-吉勒·德热纳（Pierre-Gilles de Gennes）在其诺贝尔奖的颁奖致辞中提出，用以描述如胶体、液晶、高分子聚合物、泡沫、颗粒物质、生命等软凝聚态体系，因此又被称为软凝聚态物质。之所以命名为软物质，是因为它是一类柔软的物质。在这之前，很多研究者称它为复杂流体或结构液体。为什么软物质这一词会被接受呢？是因为在大时间尺度上，人们常见的软物质往往表现出流动性，但矛盾的是，它又不满足理想流体系统所遵循的牛顿流动定律。而在小尺度范围内，有些物质是呈固态的，因此，可以认为软物质是一种处于理想流体和固体之间的物质。软物质一点也不神秘，它与人们的生活息息相关，比如橡胶、墨水、化妆品、人造纤维、洗涤液、饮料、肥皂、豆腐、乳液、药品，等等，这些都是生活中常见的软物质。值得注意的是，人类体内的血液、细胞、蛋白质、DNA 等都是软物质，可以说，人体本身便是最为复杂的软物质。

　　软物质有两个最本质的特征：复杂性、易变性。复杂是因为软物质的构成单元各式各样，这使得它们在结构和性质上表现出极高的多样性；易变性是指软物质对外界作用的抵抗力较弱，即使是微小的外界扰动也可能引起系统性质的大幅度变化。具体外界作用是什么，要根据不同体系来施加，可以是施加电场、磁场、热、化学扰动或者掺杂纳米棒等。在日常生活中，很多实例可以清晰地说明这一特征。例如，人们经常在豆浆中加一点卤水就可以变成美味的豆腐；一种新型人造奶油是通过在 140 ℃下加热并混合菜籽油和一种复合凝胶，冷却到 60 ℃，然后与透明棕榈油 3∶2 混合而生产的；一点骨胶就使得墨水变得极其稳定；在洗碗时，只需要滴加一滴洗洁精就可以产生非常多的泡沫等。从古至今，橡胶的发展有了阶梯性的进步。最初印第安人在橡胶树上割开一个口子，流出来软软黏黏的可以随意涂抹的橡胶汁，于是他们将橡胶汁涂抹在脚上，不一会就凝固起来，一双合脚的靴子便做好了。但是因为空气的氧化作用，靴子很快破碎了。后来，美国人查尔斯·古德伊尔（Charles Goodyear）将橡胶进行硫化，使得橡胶成为坚固的材料。由于外界作用是非常微弱的，因此，硫化处理的橡胶在宏观尺度上是固体，但在微观尺度上仍然是局域液体。因此，这种固体表现得特别柔软。这也正是软物质会变软的物理机制之一。

软物质与硬物质最主要的区别在于：软物质是小应力大形变，而硬物质则是大应力小形变。也正是因为软物质这复杂而又易变的性质，致使软物质在熵以及外力作用下表现出各种各样的自组装现象，同时对新功能材料的制备提供了大量的挑战和机遇。软物质物理学这一新的学科领域已经在国际上流行起来，并得到了广泛的关注。关于软物质的研究，已经跨越了物理学、化学和生物学三大学科，是凝聚态物理与材料化学，生命科学等直接联系的密切桥梁，是认识新概念、探索新结构、新功能从而得到新材料的一个重要渠道。到目前为止，关于国内外软物质的研究已有了不小的成就。依据前人的经验，作者搜集到一些软物质自组装方法，如施加外场（电场、磁场、剪切场等）、衬底诱发、空间受限、模拟退火等。通过这些方法来调控软物质体系的自组装行为，使得自组装从无序到有序的方向发展。

1.1.2　自组装

所谓自组装，就是在一定条件下，分子在溶液中通过空间自组织自发地产生一个结构确定、具有一定功能的微观有序结构的过程。构成高聚物材料的基本分子由于其特有的结构，容易自组装聚集成介观尺度以下的有序结构，如层状、膜和液晶态等，从而体现出相应的宏观独特行为。不同分子由于自组装导致的聚集，会产生相应的功能，即所谓物质自组装产生某种特定的功能。因此决定高聚物材料性质的，不仅是组成它的分子本身，更大程度上依赖于这些分子所经过的自组装过程，即性质和功能来自自组装过程。在高聚物材料中，一个非常重要的响应就是通过分子本身自组装、外界驱动或者熵作用下在空间区域形成一种相干的有序结构，即所谓空间自组织结构。

常见的自组织有序结构有空间取向或周期有序出现，如液晶。另一类自组织有序结构是所谓的标度对称性，即空间自相似结构，这类有序结构广泛存在于非平衡的自组装现象里，特别发生在软物质自组装演化后期。一个典型的例子就是柔性聚合物在溶液中自由伸展，最后会形成空间自相似结构。

1.1.3　自组装特点

自组装之所以会成为人家备受关注的焦点，主要还是因为其过程中自身的特点决定的。首先，自组装过程是一种自发的过程，在整个过程中无需人的参与，因而避免了一些人为误差的干扰，只要设计合理，自组装过程可以多组分同时并行组装而不影响产物的生成。其次，自组装技术不仅可用于不同尺度组分的组装，而且可以用于组装不同的材料，比如，小分子自组装高分子自组装，甚至是各种元件的自组装，涉及光电材料、生物材料、医药材料等多个领域。再次，从某种意义上来说，自组装的产物其缺陷程度是最低的，因为自组装过程是自发的，也就意味着在组装过程中各个组分之间就是按照最佳的结构和组合方式去组装的。

　　本书所研究的高聚物的自组装是其结构形态、性质和功能及其应用的基础。而高聚物材料属于软物质中的一种，所以属于软物质自组装的范畴。它最大的特点就是比较柔软，所以会便于自组装、设计、控制。相比于固体硬物质来说，软物质自组装所得到的结构稳定性将会成为一个重要问题。一方面由于动力学效应和熵驱动会影响软物质的重构，甚至有可能形成一种完全不同的新结构；另一方面在外界驱动下所形成的结构，一旦撤掉外界作用，是否仍然会继续保持长时间的稳定状态。在软物质自组装趋向有序的途径中影响因素较为复杂，与固体硬物质相比，软物质如复杂液体具有高的流动性和热涨落，动力学效应和熵效应的共同参与，使得软物质自组装结构既复杂又丰富。特别是人们通常认为动力学流动、熵效应和涨落这些因素是不利于系统出现有序结构的，而恰恰人们往往在软物质系统中观察到由于一定程度的动力学效应、熵效应和外界涨落的引入，软物质系统在纳米和亚微米尺度下有高度有序的结构形成。

1.1.4　自组装方式

1.1.4.1　在热力学平衡态下能量与熵的竞争导致的熵致相变

　　对于有相互作用的系统，热力学平衡下的最后状态由自由能 $F = H - TS$ 最小决定。这里 H 是体系的焓、T 是温度、S 是熵。在固体硬物质中，与熵 S 相比，焓 H 常常起主导作用，某种近似下可以认为焓决定系统的平衡态有序结构，即所谓能致相变。与固体硬物质相反，软物质体系内能与 TS 相比或许很小，或许在软物质状态变化过程中几乎保持不变，因而在热力学平衡下，确定平衡态有序结构的自由能最小要求熵最大而不是焓最小，即所谓熵致相变。比如，对于胶体溶液的相行为，可通过计算系统的自由能最小来决定。如果胶体颗粒看成是硬球粒子，只要粒子不接触，相互作用能等于零。因此，胶体溶液的相行为可完全看成由熵来决定。熵最大决定了胶体系统的相行为。

偏离熵最大引起熵的驱动产生熵致相变，导致系统出现相应的胶体晶化。如果系统是液晶，构成液晶的分子可看成是一种硬棒，即棒状分子，它可能会存在两种有序构型：分子位置的有序和分子排列取向的有序。在熵驱动下也会形成液晶有序相，即所有分子沿着一定的取向排列。此外，熵致相变也会发生在更复杂的软物质体系如由不同形状（硬棒和硬球）组成的混合系统。由此可见，与传统固体物理相比，熵在软物质物理特别是自组织结构有序的研究中具有特殊的地位。图 1-1 给出了硬物质和软物质在热力学平衡下能量和熵竞争下的不同转变行为。

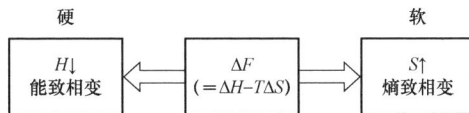

图 1-1　热力学平衡下能量和熵的竞争

1.1.4.2　在热力学非平衡态下由于外部驱动导致体系内能与熵竞争所引起的自组装有序过程

从非平衡动力学角度分析，设想系统通过来自外部热涨落或外力的能源接触，平衡态被破坏，如图 1-2 所示，对于硬物质，由于能量 ΔE 的加入，导致体系焓增加，于是要求非平衡动力学演变过程中熵增加以达到最后的自组织状态。因此硬物质系统由于能量加入系统往无序方向发展。例如，一块晶体的平衡状态由自由能 $F = H - TS$ 的极小值决定。如果加上外力来拉伸晶体，就偏离其平衡态，自由能增大。外加拉力迫使晶体的原子间距增大，即外力对抗了原子间作用做了功，因此外界提供的能量分布在晶格之间的谐振子能量中导致其固体内能增加，而原子间距不同程度的拉伸所产生的构型对应于熵增加，即往无序方向发展；对于软物质来说，由于能量的加入，内能几乎没有影响，在动力学演变过程中势必要求熵变小以实现最后的自组织状态。因此软物质系统由于平衡态的打破，在动力学演变过程中常常以无序的方式往有序的方向（熵变小）发展。如对橡胶拉伸情况就不一样，拉力并没有迫使分子中的原子间距改变，而是使交联点间的分子线段变直，即外力无法对体系内能有贡献，唯一的办法是调整聚合物构型，使弯曲的分子线团拉直，从而使分子线段的位形熵减小，也就是说拉伸的结果是使有序度增加。这种偏离平衡位置（熵最大）引起的熵改变会产生一种力，所谓熵力，与来源于外界的力同样真实。用手拉伸橡皮筋时，其恢复力主要来源就是这种熵力。而外力对抗熵力做了功。这里橡胶弹性形变是和熵联系在一起的，外力做功导致熵的减小，基于熵变化的弹性理论，本书通过聚合物链作为例子来计算这种熵力大小。聚合物可以看成由 N 个长度为 b 的单体结合的长链，这类长链分子通常具有高度的柔软性并因此而具有很大的熵值，大多数情形下每个单体除连接部分外相互之间可看成不存在相互作用，而且连接部分的相互作用能与它们的相对夹角无关，因此系统在自由状态下的位形由熵的极大值决定。若将链的两端分开 R 的间隔，将导致系统熵减小 $\Delta S = -kR^2/(2Nb^2)$（这里 k/N 可以看成聚合物的熵弹性常数，在 Gauss 型链情形，$k=3$），即拉伸长链分子会导致系统熵减小，从而得到自由能增加 $\Delta F = -T\Delta S = kTR^2/(2Nb^2)$，系统产生的恢复力——熵力为 $f = -\dfrac{\partial F}{\partial R} = -kTR/(Nb^2)$。对于更复杂的生命聚合物如 DNA，拉伸对抗熵力做功，将会引起更丰富和有趣的现象。

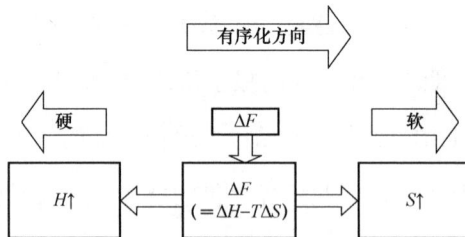

图 1-2　软物质与硬物质在外部驱动下由于体系焓和
熵的竞争引起的自组装有序结构

此外，在软物质系统的非平衡过程中，随着外界能量的加入，也有可能导致软物质结构重组形成高度有序的新结构，同时，其总能量也相应升高。这种亚稳态能否维持长时间稳定构成软物质自组织结构稳定性研究的重要问题。总之，在外界驱动下结构或聚集体进一步有序化表明软物质趋向有序途径方式有其特有的特征。

1.1.5　自组装现象

由于软物质的柔软性以及构成软物质单元本身的自组装能力，使得软物质在相互作用，熵和外力驱动下显示出丰富多彩的自组装现象。常见的有超分子，如双亲分子等活化剂自组装和聚集；单（大）分子自组装，如高分子构象和生物大分子折叠；熵驱动下的自组装（熵力和熵致相变），如胶体聚集和液晶相变；非平衡动力学自组装，如场致相变、流致相变、远离平衡自组装临界等。

1.1.6　自组装形貌的控制与设计

自组装形成的多畴结构常常是无规取向的，而实际的功能材料要求结构具有非常好的有序或方向性。为了达到要求的取向结构，必须控制其宏观有序。通过外界驱动，如流动包括动态振荡和稳定的剪切流场是一种非常有效的方法。另一种重要的手段是通过空间取向和几何约束来改变微畴的取向。此外，通过衬底诱发、聚合化、凝胶和化学反应等途径也能有效控制和设计自组织形貌。如果要形成更小尺度（如纳米尺寸）下的结构，就需要有多种相互作用或动力学机制的竞争参与。例如，双亲分子在溶液中形成有限尺寸是由于双亲分子的亲水和疏水竞争作用；相分离系统仅仅有短程相互作用（界面张力）只能形成宏观的畴结构，长程排斥力的引入会抑制宏观相分离，产生微观尺寸下的畴结构。除了平衡系统中短程吸引和长程排斥的竞争，在动力学系统中也会观察到动力学机制竞争导致的微观畴结构，如在化学反应系统中，动力学快变量和慢变量之间的竞争会导致螺旋波结构。但竞争作用引起的失措会导致系统结构出现拓扑缺陷。如何消除失措引起的拓扑缺陷，从而形成高度有序的结构是自组装的关键。通过外界驱动、衬底诱发、动力学效应、温差、对流和涨落的引入有可能消除拓扑缺陷，从而产生各种丰富和高度有序的自组织结构。

1.2 聚合物体系相分离理论

聚合物体系和小分子体系最主要的区别在于聚合物有大规模链段的连接，这个连接会引起一些新的作用。它来自熵起源的相互作用和长程相关性，而这些在小分子中并无体现。然而，聚合物体系和小分子共享一些基本特征。因此，聚合物理论经常建立在简单流体的理论基础之上。实际上，学者们对聚合物体系失稳分解的理解主要基于合金以及简单流体失稳分解的 CH 理论的延伸。主要是因为，不论是二元混合物、简单流体还是聚合物体系，它们的失稳分解都是由潜在的热力学不稳定性所驱动的。

1.2.1 相分离热力学理论

混合体系刚开始在高温时处于均匀混合的稳定区域，由于外界参数如压强或温度的突然变化，经过一级相变淬火冷却到亚稳态或者说是不稳定相区域，开始进行动力学相分离，经过无限长时间后，体系完全分离成具有各自浓度的两个稳定相，在这期间，系统将进行一个非平衡的动力学相分离过程。因为与其他各种相互作用能量有竞争，会导致不同尺度下的相分离形状。在生长过程中，如界面张力之类的相互作用能量首先起作用，随着一定尺寸的畴结构形成，流体动力学效应也开始起一定的作用，从而辅助界面张力驱动的相分离形成各种有序的畴结构。相分离过程以完全无序的方式形成有序的图案。此外，如果对复相分离所产生的不同尺度下的畴结构有所了解，将有利于理解其他聚合物复合材料自组装形成的不同尺度结构以及相互作用机制。

如果按照相分离生成结构的畴尺寸大小，相有序可以分成三类：宏观相分离、介观相分离、微观相分离，如图 1-3 所示。图 1-3（a）表示两种不相溶的聚合物由于界面张力（来自同类分子吸引、不同类分子排斥的短程作用）导致界面面积减小，发生宏观相分离，最后形成宏观尺度下的两相共存。如果体系是嵌段共聚物，且由两种不相溶的聚合物如 A 和 B 两种组分组成，因为有其共价键进行约束，会抑制两种不相溶的聚合物发生宏观相分离，最终形成大约 5～100 nm 的微观尺度下的成分调制结构，在 A 和 B 组分比相同的情况下形成如图 1-3（c）所示。若共混物体系既包括 A 和 B 两种不同的聚合物，也包括由 A 和 B 聚合物构成的两嵌段共聚物，这样的话，共聚物会作为一种表面活化剂分布在 A 和 B 的聚合物界面上，从而减少两相之间的界面张力，同样抑制了宏观相分离，形成的是介观畴尺寸的微乳液结构，如图 1-3（b）所示。

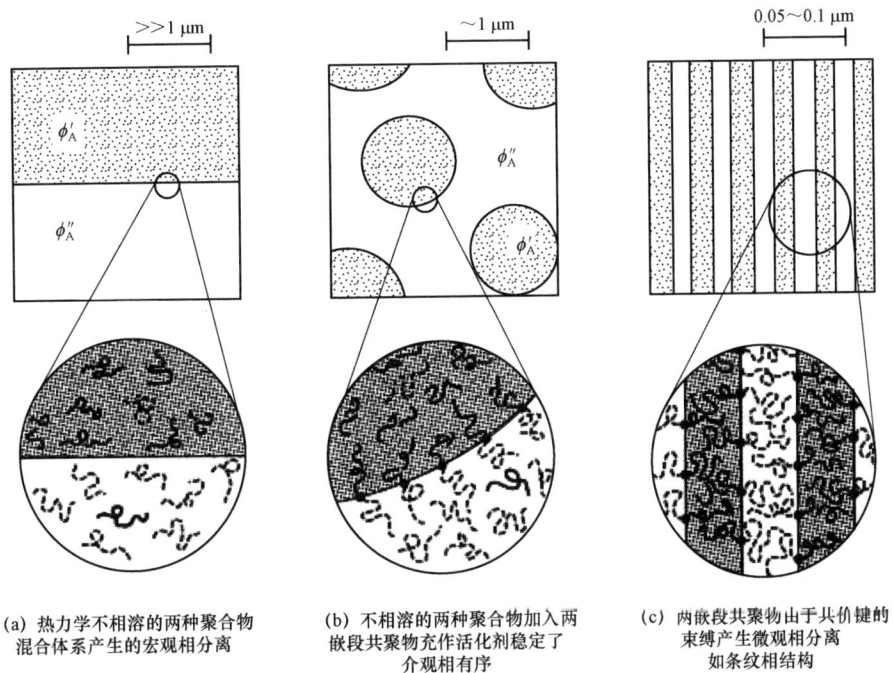

(a) 热力学不相溶的两种聚合物　　(b) 不相溶的两种聚合物加入两　　(c) 两嵌段共聚物由于共价键的
混合体系产生的宏观相分离　　　嵌段共聚物充作活化剂稳定了　　　束缚产生微观相分离
　　　　　　　　　　　　　　　　介观相有序　　　　　　　　　　　如条纹相结构

图 1-3　聚合物相行为的宏观、介观和微观相有序

相分离热力学研究的其实是相分离形成不同相共存的平衡热力学。下面以聚合物为例来探讨因为相互作用导致相分离形成不同尺寸下的畴结构。

1.2.1.1　宏观相分离

聚合物混合物是否相溶是由在混合过程中的自由能变化是否小于零决定

的，对于高分子聚合物混合，因为其分子量较大，混合过程中熵的变化很小，并且混合过程焓变常常大于零，所以混合过程中的自由能通常是大于零的。也就是说，大部分的高分子混合物是不相溶的，即高分子混合物常常出现宏观相分离。Flory 和 Huggins 独立给出了高分子聚合物混合物的自由能表达式，用来反映此类系统中混合焓和混合熵之间的竞争。在无规混合近似下，二元混合体系的自由能由相互作用能和混合熵组成：

$$\frac{F}{k_B T} = \frac{\phi}{N_A}\lg\phi + \frac{(1-\phi)}{N_B}\lg(1-\phi) + \chi\phi(1-\phi) \tag{1.1}$$

这里，N_A 和 N_B 分别表示 A 类聚合物和 B 类聚合物链段数，ϕ 表示 A 类聚合物的体积分数。等号右边的前两项表示混合熵，因为混合导致体系更无序。长链比短链的混合熵更小，也就是说，混合熵随着 N 的增加而减少。等号右边的第三项表示混合焓，可以是大于零的也可以是小于零的，主要取决于 AB 链相互作用强度的正负：

$$\chi \propto \frac{1}{k_B T}\left[\varepsilon_{AB} - \frac{1}{2}(\varepsilon_{AA} + \varepsilon_B B)\right] \tag{1.2}$$

如若该值大于零，则有利于系统发生相分离。对于聚合物，χ 与温度 T 相关，一般情况下，χ 被假定为 $\chi = \alpha T^{-1} + \beta$。上述方程（1.1）是一个忽略了空间组分涨落的平均场理论。当 $N=1$ 时，可约化为通常描述低分子混合物的热力学理论。随着压强或温度等外界参数的变化，如若自由能在整个浓度范围内从单势阱变成双势阱形式，体系就会发生相分离，最终形成的两共存相可以根据自由能最小确定，也就是说 A 和 B 两相平衡由 A、B 两共存相对应的双势阱的公切线决定：

$$\frac{\partial F}{\partial\phi}\bigg|\phi_A = \frac{\partial F}{\partial\phi}\bigg|\phi_B \tag{1.3}$$

如若用化学势定义 $\mu = \dfrac{\partial F}{\partial\phi}$，上述方程就表示两相共存时的化学势相等（$\mu_A = \mu_B$）。如果温度改变，两相的组分 ϕ_A 和 ϕ_B 也会随之改变，于是不同温度下两相共存对应的组分值构成的曲线就是两相共存相。共混物体系从均匀相淬火到两相共存线内，会发生相分离。如图 1-4 所示，上曲线给出了低临界溶液温度（LCST）相分离，而下曲线给出了高临界溶液温度相分离（HCST）。通常情况下，长链高分子混合体系因为其低混合熵，经常发生低临界溶液温度（LCST）相分离，也就是说随着温度的增加可能会导致相分离发生；如若高分子链很短，就可能发生高临界溶液温度（HCST）相分离，就像小分子体系会随着温度淬冷而发生相分离。

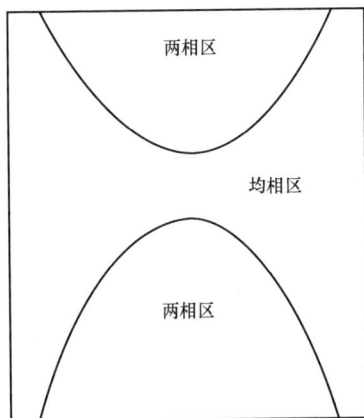

图 1-4　二元混合物相分离相图（由于低混合熵，高分子聚合物常常出现低临界溶液温度（LCST）相分离，即随着温度升高，相分离发生；而小分子混合物往往出现高临界溶液温度（HCST）相分离）

分析发现，在两相共存线内自由能的二阶导数分别会出现大于零和小于零的情况，对应于混合相自由能为亚稳和不稳定的状态。当自由能二阶导数为零，即拐点：

$$\frac{\partial^2 F}{\partial \phi^2} = 0 \qquad (1.4)$$

形成一系列曲线，构成了区分混合物热力学不稳定和亚稳态的失稳线。在失稳线内，混合物不稳定，将失稳分解，发生自发相分离；而在失稳线和两相共存线间，为亚稳区域。最后，临界点（为 HCST 相分离的最高温度和 LCST 相分离的最低温度处）可以根据自由能的三阶导数等于零得到：

$$\frac{\partial^2 F}{\partial \phi^3} = 0 \qquad (1.5)$$

将式（1.4）和式（1.5）联立，可得二元聚合物临界组分：

$$\phi_C = \frac{N_A^{1/2}}{N_A^{1/2} + N_B^{1/2}} \qquad (1.6)$$

以及对应的相互作用强度：

$$\chi_C = \frac{(N_A^{1/2} + N_B^{1/2})^2}{2N_A N_B} \qquad (1.7)$$

如果聚合物混合物是对称的，则 $N_A = N_B$，$(\chi N)_C = 2$，$\phi_C = 0.5$。χN 在聚合物相分离控制中是一个非常重要的物理量，反映了聚合物系统焓和熵的竞争。

1.2.1.2 介观相分离

混合物界面或膜不仅仅可以在界面内伸缩，还可以在垂直界面方向发生形变。界面张力的降低通常会抑制相分离的生长。如果将活化剂加入介观相（比如微乳状液等），表面张力会大大减小，这时不在平面内形变的弯曲模式导致的弹性能量不可忽略。德国物理学家（Wilhelm Helfrich）最早引入弯曲弹性自由能用来考虑泡和膜模型：

$$Fc = \frac{1}{2}K\int ds \left(\frac{1}{R_1} + \frac{1}{R_2} - \frac{2}{R_0}\right)^2 + \bar{K}\int ds \frac{1}{R_1}\frac{1}{R_2} \qquad (1.8)$$

这里平均曲率 $H = (1/R_1 + 1/R_2)/2$，自发曲率 $C_0 = 1/R_0$（反映双亲分子的极头堆积与碳氢尾巴体积的竞争），高斯曲率 $(1/R_1)\times(1/R_2)$。上述公式右边第二项与拓扑结构变化有关，通常情况下不考虑。上式表示使自由能最小的平均曲率 H 应为自发曲率 C_0，偏离自发曲率 C_0 的形变所需消耗的能量由弯曲模量 K 决定。通过组合 Flory-Huggins 自由能和弯曲弹性能，使用与宏观相分离相平衡同样的分析，就可以获得介观尺度下的微乳状液结构形成（介观相分离），得出介观相分离的两相共存线和失稳线。

1.2.1.3 微观相分离

如果混合体系是嵌段共聚物 A_fB_{1-f} 且由 A 和 B 子链构成，这时 A 和 B 链为单分量体系，不能发生宏观相分离，方程（1.3）不能描述最后的相共存状态。构成共聚物的 A、B 单体排斥相互作用 χ 试图保持 A、B 子链分离。在高温下，因为熵效应起主导作用会使体系形成一个类似于液体的无序结构，但在低温下，起主导作用的变成了 A、B 子链的排斥作用，则会导致一系列有序的相结构出现，且随着组分浓度 f 的改变，结构会发生一系列如层状、圆柱以及球状相等的相转变。取决于相互作用强度 χ 和共聚物结构（如链段数 N 和 A、B 组分浓度 f），在给定温度下可以获得一系列有序相的相图。首先考虑 A 和 B 链段浓度相等的情况，即 $f=1/2$，当相互作用强度大于零（$\chi>0$）时，嵌段共聚物中 A 和 B 链段接触会相对减少，这将使系统的内能减少，但这种 A、B 链段分离过程只能在局部出现，如图 1-3（c）所示，因此又将引起链段拉伸，导致体系位形熵的损失。嵌段共聚物的位形熵 S 也正比于 $1/N$，因此，χN 描述了微观相分离中内能和熵效应的竞争，它是控制微相分离的重要参数。当 $\chi N \ll 10$ 时，熵 S 贡献起主导作用，嵌段共聚物以均匀态无规地分布。增加相互作用强度 χ 或链段数 N，逐步让内能和熵贡献平衡，当 $\chi N \approx 10$ 时，内能和熵的贡献达到平衡。进一步增加参数 χN 值会导致系统出现一级相变到有序态，这时，熵偏爱但能量耗费的无序态转变成有序的周期层状结构。当 $\chi N \gg 10$ 时，能量贡献起主导作用，嵌段共聚物形成高度有序的条纹状结构。在这种强分离极限下（$\chi N \gg 10$），有序结构的形成具有非常重要的实用意义。如果 A、B 链段的体积分数不相等，所形成的相结构也会随之改变。随着 f 的改变，有序微结构的形状和堆积对称性都受到了影响，不论是减少还是增加 f 都会使共聚物两端堆积和链延伸的约束不对称，导致不同的组分比下出现相应的新有序相对称性，如图 1-5 所示。

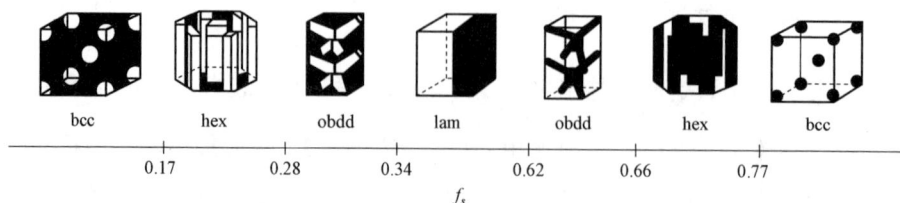

图 1-5　改变（PS-PI）嵌段共聚物 A 和 B 链段的相对浓度引起结构的变化（f_s 是聚苯乙烯的体积分数。图左边 bcc、hex、obdd 分别表示聚苯乙烯以体心立方、六角堆积和双连续金刚石互联有序地分布在聚异戊二烯的主体相中。图右边 bcc、hex、obdd 分别表示聚异戊二烯以体心立方、六角堆积和双连续金刚石互联有序地分布在聚苯乙烯的主体相中。而 lam 则表示聚苯乙烯和聚异戊二烯构成的层状有序结构）

对于聚苯乙烯（PS）和聚异戊二烯（PI）构成的嵌段共聚物，当聚苯乙烯的体积分数 f_s ＜0.17 时，聚苯乙烯形成的微球（PS spheres）以体心立方结构有序地分布在聚异戊二烯的主体相中。增加成分到 $0.17 ＜ f_s ＜ 0.28$ 时，产生六角堆积的圆柱状（PS cylinders）微结构。当 $0.28 ＜ f_s ＜ 0.34$ 时，出现聚苯乙烯（PS）和聚异戊二烯（PI）构成的双连续金刚石（PS obdd）互联有序结构。在 0.34 和 0.62 之间体系导致层状微结构（PS，PI lamellae）的出现，进一步增加 f_s 会出现逆有序结构，如图 1-6 给出了改变 χN 和 f 导致 PS-PI 共聚物的相图。为了讨论强分离极限下（$\chi N \gg 10$）微观条纹相分离形成的物理机制，本书从竞争相互作用机制出发作进一步探讨。实际上，软物质如双亲分子或共聚物构成的系统通常出现微观尺度下规则的畴形状，比如说二维情况下的条纹和泡，三维情况下的片状结构和六角排列的球滴（微观相分离）。大量物理化学系统在平衡时也会出现类似且规则的畴结构，似乎与微观相互作用的细节无关。这种周期性的结构特征显示建议用一种可能的普适机制来考虑。Seul 和 Andelman 采用唯象的 Ginzburg-Landau 理论对微观相分离形成做了细致的分析。目前，人们通常认为短程的吸引与长程的排斥的竞争会导致局域的微观相分离。例如，磁系统、铁电流体由于长程库仑和极性相互作用；复杂流体或软物质如双亲分子或共聚物的存在；传统的二元混合物由于化学反应存在，等等。

14

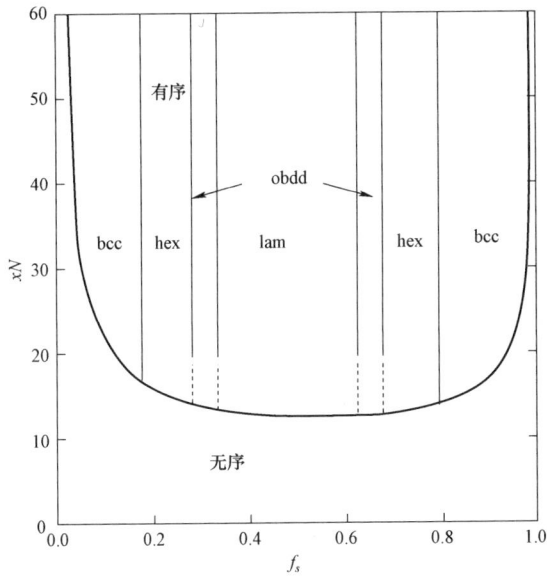

图 1-6　聚苯乙烯（PS）-聚异戊二烯（PI）嵌段共聚物的相图
（相应区域出现的结构与图 1-5 一致）

如图 1-7 所示，本书考虑由两种双亲分子所组成的二维系统，其中：一类双亲分子的体积分数为 ϕ、极矩为 μ、周期相的显示用调制结构序参数 $\phi(r)$ 来表示。

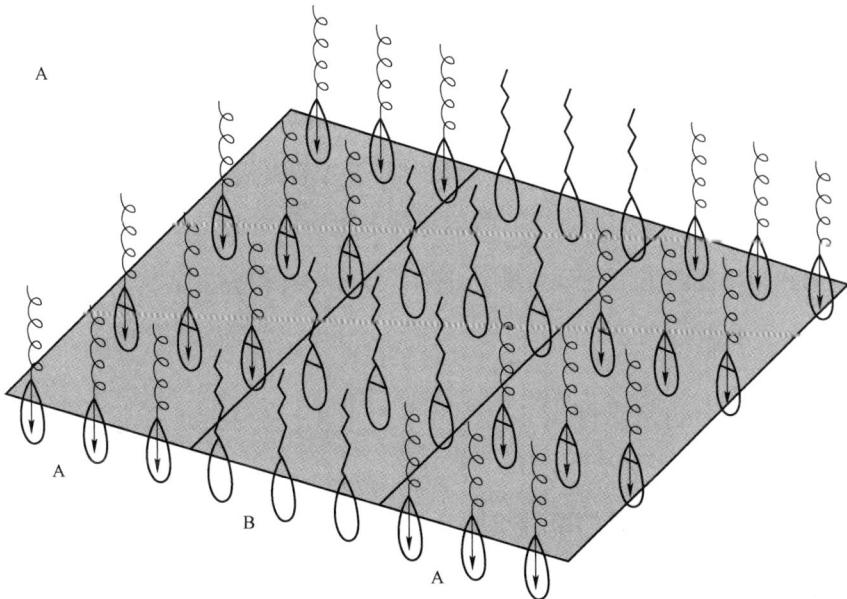

图 1-7　双亲分子（A 和 B）在油-水界面的示意图

系统的自由能 F 由短程吸引 F_ϕ 和长程极化排斥 F_d 两部分贡献组成：

$$F = F_\phi + F_d \qquad (1.9)$$

这里：

$$F_\varphi = F_0(\phi) + \frac{1}{2}\Lambda \int d^2r \left|\nabla\phi\right|^2 = F_0 + \sigma l \qquad (1.10)$$

式中，右边第一项为体贡献，为序参数 ϕ 的（Ginzburg-Landau）级数展开形式，第二项是界面能（界面张力 σ 乘以界面长度 l）。长程极化排斥部分 F_d 为：

$$F_d = -\frac{\mu^2}{2}\iint d^2r d^2r' \phi(r) g(r,r') \phi(r') = -\frac{\mu^2}{2}\int d^2q \phi_q G(q)\phi_q \qquad (1.11)$$

这里 $g(r,r') = \left|r - r'\right|^{-3}$ 表示长程极性相互作用。ϕ_q 为 $\phi(r)$ 的 Foutier 变换，即：

$$\phi(r) = \phi_0 + \sum_q \phi_q \cos(q \cdot r) \qquad (1.12)$$

方程（1.11）式自由能 F 的 Fourier 变换为：

$$F_q = \frac{1}{2}\int d^2q \left[-\mu^2 G(q) + \Lambda q^2\right]\phi_q^2 \qquad (1.13)$$

这里 $G(q)$ 为 $g(r,r')$ 的 Fourier 变换。稳定状态要求 $\partial F_q / \partial q = 0$：

$$q = \frac{\mu^2}{2\Lambda}G'(q) \neq 0 \qquad (1.14)$$

这表示方程（1.14）只保持一个调制频率，从而出现一个新的特征长度。因此宏观相分离得到了抑制，导致微观尺度下 A 和 B 周期调制的条纹相形成，$\phi_s = \phi_0 + \phi_q \cos qx$（$q \neq 0$）。序参数的这种空间周期调制是由于非局域极性相互作用和局域线张力的竞争结果。此外，导致宏观相分离抑制的长程相互作用也可以来自其他因素。

1.2.2　相分离动力学理论

1.2.2.1　相分离动力学的两种机制

相分离动力学一般分为两类，如图 1-8 所示。

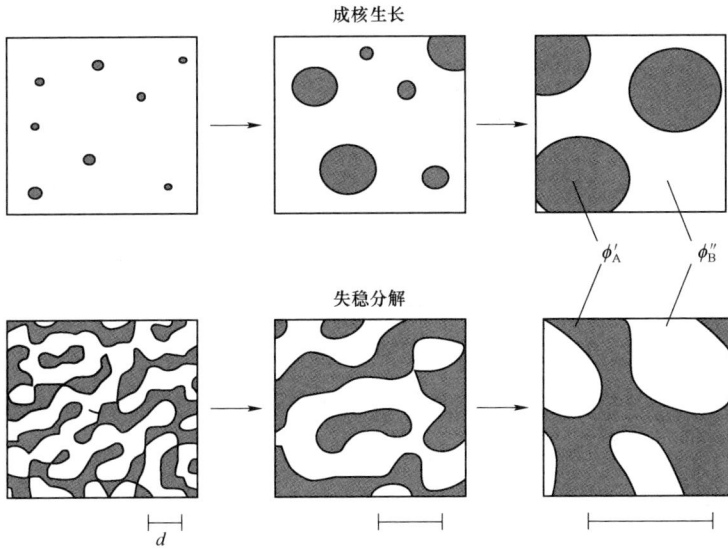

图 1-8 成核生长和失稳分解

一是成核生长（nucleation and growth）：一级相变冷却到亚稳态区域，少数相在多数相中以小液滴的形式出现。从均匀相到成核相，最初小液滴的生长在超饱和溶液中自发出现。畴尺寸通过小液滴弥合或者粗化进一步增加，大滴的生长可以通过小液滴的蒸发引起。因为聚合物有较高的黏性和较低的扩散性，在生长的下一阶段，也就是球状核生长融合为大核是一个非常缓慢的热激活过程。

二是失稳分解（spinodal decomposition）：将系统快速淬火冷却到不稳定区域，这时，长波涨落的不稳定性导致了系统自发地进行相分离。这种相分离是连续的，没有热力学位垒。在相分离的过程中，初期并不会出现明显的相界面，但随着时间的演化，两种相的差别越来越大，会出现明显的相界面，此时，体系形成无序的双连续结构，如图 1-8 所示。这种相分离手段具有非常重要的应用价值。

1.2.2.2 失稳分解动力学理论

聚合物体系失稳分解的动力学理论主要是基于 Cahn-Hilliard-Cook 模型

来描述。根据 Cahn-Hilliard-Cook 非线性扩散方程，设第 i 种物质的浓度和质量流分别是 $\phi_i(\mathbf{r},t)$ 和 $j_i(\mathbf{r},t)$，可得到质量守恒的连续性方程：

$$\frac{\partial \phi_i(\mathbf{r},t)}{\partial t} = -\nabla \cdot j_i(\mathbf{r},t) \tag{1.15}$$

对于不可压缩的二元 A、B 混合物来说，$\phi_A + \phi_B = 1$，只存在一个独立的运动方程。其中 $j_i(\mathbf{r},t) = \phi_i(\mathbf{r},t)V(\mathbf{r},t)$ 是由于化学势 μ 的不均匀引起，即：

$$j_i(\mathbf{r},t) = -\sum_{j}^{n-1} M_{ij}\nabla\mu_j + j_T(\mathbf{r},t) \tag{1.16}$$

根据热力学理论，化学势 μ 和自由能函数 F 之间有关系式 $\mu = \delta F / \delta \phi$，实际上就是体系相分离的驱动力。$M_{ij}$ 是由 j 组份引起的 i 组分的迁移率，$j_i(\mathbf{r},t)$ 是热噪声引起的质量流。

对于不相容的二元聚合物共混体系，自由能由体贡献 $f[\phi(r)]$ 和界面张力的贡献两部分组成，即：

$$F\{\phi(\mathbf{r})\} = \int \mathrm{d}r \left[f[\phi(r)] + \frac{D}{2}[\nabla\phi(r)]^2 \right] \tag{1.17}$$

也就是 Cahn-Hilliard 自由能。该式中，右边第二项与混合物界面有关，描述产生两个不同的均匀畴（A 相和 B 相）界面需要的能量，其中，$D > 0$。自由能密度 $f[\phi(r)]$ 是局域的均匀混合的自由能，在两相区域具有双势阱结构。结合上述公式可以得到与时间有关的 Cahn-Hilliard-Cook 非线性扩散方程：

$$\frac{\partial \phi(r,t)}{\partial t} = M\nabla^2 \frac{\delta F\{\phi(r,t)\}}{\delta\phi(r,t)} + \xi(r,t) \tag{1.18}$$

即为 CHC 非线性扩散方程。其中，$\xi(r,t)$ 是热噪声项（Cook 相），它满足涨落耗散定理（fluctuation-dissipation theorem）：

$$\langle \xi(r,t) \rangle = 0 \tag{1.19}$$

和

$$\langle \xi(r,t)\xi(r',t') \rangle = -2Mk_BT\nabla^2\delta(\mathbf{r}-\mathbf{r}')\delta(t-t') \tag{1.20}$$

其中，k_B 为玻耳兹曼常数、T 为温度。式（1.18）中的 F 通常情况下可以写成 Ginzburg-Landau（GL）自由能形式：

$$F = \int dr [A\phi^2 + B\phi^4 + \frac{1}{2}D(\nabla\phi)^2] \qquad (1.21)$$

所以，式（1.18）也可以称为具有守恒序参量的含时 Ginzburg-Landau 方程。自由能形式（1.21）中唯一的相分离驱动力来自界面张力（同类分子吸引，不同类分子排斥），所以会导致系统发生宏观相分离，最终演化成宏观尺度下的两个共存相。如果考虑长程排斥相互作用，宏观相分离将会被抑制，这时自由能变成：

$$F'[\phi(r,t)] = F[\phi(r,t)] + \frac{c}{2M}\iint dr dr' \phi(r,t) G(r,r') \phi(r',t) \qquad (1.22)$$

这里，F 是标准的 Cahn-Hilliard 自由能函数，具体见式（1.17），等号右边第二项是长程排斥项，$G(r,r')$ 是 Laplace 方程的格林函数 $\nabla^2 G(r,r') = -\delta(r-r')$，c 是长程排斥相互作用的强度。由此就可以得到修正的 Cahn-Hilliard 扩散方程：

$$\frac{\partial \phi(r,t)}{\partial t} = M\nabla^2 \frac{\delta F'\{\phi(r,t)\}}{\partial \phi} \qquad (1.23)$$

也就是：

$$\frac{\partial \phi(r,t)}{\partial t} = M\nabla^2 \frac{\delta F\{\phi(r,t)\}}{\partial \phi} - c\phi(r,t) \qquad (1.24)$$

其中，等号右边第二项的存在将会抑制系统发生宏观相分离，在某一时刻后出现畴不再生长，即钉扎现象。最后得到的微观图案是由于不同力程下短程吸引和长程排斥作用竞争的结果，原则上由能量最小决定。

考虑到高分子是一种流体，并含有流体力学的相互作用，所以本书把描述流动性的 Navier-Stokes 方程耦合到扩散方程中，使其包含动力学效应：

$$\frac{\partial \varphi(r,t)}{\partial t} = -v(r,t) \cdot \nabla \varphi(r,t) + M\nabla^2 \frac{\delta F\{\varphi(r,t)\}}{\delta \varphi(r,t)} \qquad (1.25)$$

$$\rho\frac{\partial v(r,t)}{\partial t} = -\nabla P(r,t) + \eta\nabla^2 v(r,t) - \phi(r,t)\nabla\frac{\delta F\{\phi(r,t)\}}{\delta\phi(r,t)} \qquad (1.26)$$

式（1.26）为 Navier-Stokes 方程，它添加了"体力"项（等号右边第三项）。式中，$P(\mathbf{r},t)$ 为压强，η 为黏度。体系的相互作用能量通常决定着相分离的趋势，即起始阶段。随着时间的演化，动力学相互作用开始起作用，试图释放两种对抗相互作用产生的矛盾（失措），即抑制体失措引起的拓扑缺陷，辅助体系迅速进入有序结构。

1.3　高聚物材料研究进展

近几世纪以来，高分子材料无处不在，并且在人们的生产生活中起着必不可少的作用，这一门学科的出现也使得高分子材料有了新的进展和突破，同时，材料的发现也推动着人类历史发展的脚步。另外，在古代，历史学家也经常用材料的名称来划分各个时期，所以就有了那些历史上熟悉的词汇：青铜时代、铁器时代、石器时代、塑料时代，等等。从 1920 年由德国化学家赫尔曼·施陶丁格（Hermann Staudinger）发表的高分子学术的第一篇论文"*Über Polymerisation*"（论聚合）到现在随处可见的高分子材料，可见材料从古至今对于社会发展的重要性。高分子材料包括天然高分子材料和人工合成高分子材料。涉及面比较广的是天然高分子材料，主要来源于动植物体中，像棉、麻、丝、毛、蛋白质、DNA、RNA、天然橡胶等；而人工合成高分子材料包括了合成橡胶、合成纤维、合成塑料等，如食品包装袋、泡沫塑料、肥皂盒、一些电器开关等都是日常生活常见的合成高分子材料。科学家们不断研究发现新材料新功能以满足通讯、环境、纺织和医疗等行业日益增长的需求。

1.3.1　嵌段共聚物概述

高分子也被称为高聚合材料，是一类具有非常高分子量的化合物，通常由较小的亚基（单体）聚合而成。它们一般由数千个或更多的原子组成。其中，均聚物一般是通过一种单体加聚反应生成的，因此一些组成均聚物的单体都是含有双键的。常见的均聚物有聚乙烯（polyethylene，PE）、聚丙烯（polypropylene，PP）、聚苯乙烯（polystyrene，PS）等。

　　共聚物是由两个或多个具有不同化学结构和性质的大分子组成，通过共价键首尾相连。其中，单体是可以随机排列的，也可以是有规律地排列。共聚物种类非常丰富，按照其连接方式的不同，如图 1-9 所示，可分为嵌段共聚物（block copolymer）、接枝共聚物（graft copolymer）、交替共聚物（alternating copolymer）、无规共聚物（random copolymer）。其中，嵌段共聚物是由不同的单体均聚形成长链段。不同的单体序列叫作嵌段。通常用 A、B、C 来表示不同的嵌段。比如，序列…AAABBB…就叫作双嵌段共聚物，序列…AAA…BBB…CCC…是 ABC 三嵌段共聚物。有一种比较特殊的，序列…AAA…BBB…AAA…这样的，也叫三嵌段共聚物，只不过 B 做了中间嵌段。结构决定性质，那么不同结构、序列以及嵌段组分比的共聚物，它们的性质也千差万别。由于嵌段共聚物不同嵌段化学性质的不同，会相互排斥，出现热力学上不相溶现象，从而导致微相分离。另外，由于不同的单体是通过共价键连接的，所以只发生微观的相分离，而没有宏观的相分离。因此，嵌段共聚物被当作模型来专门研究自组装行为，近些年来，嵌段共聚物自组装因其独特的微观相分离而形成长程有序的纳米结构（层状相，柱状相，球状相等），在药物运输、光学器件、传感器等领域被广泛应用。

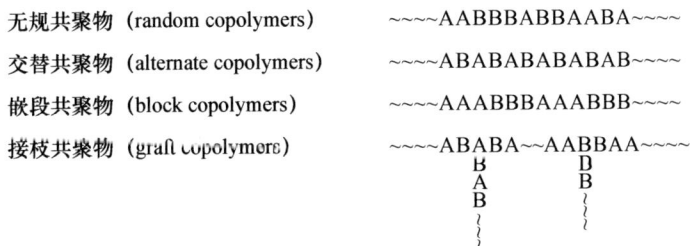

无规共聚物（random copolymers）　　　　~~~~~AABBBABBAABA~~~~

交替共聚物（alternate copolymers）　　　　~~~~~ABABABABABAB~~~~

嵌段共聚物（block copolymers）　　　　　~~~~AAABBBAAABBB~~~~

接枝共聚物（graft copolymers）　　　　　~~~~ABABA~~AABBAA~~~~

图 1-9　共聚物分类示意图

1.3.2　嵌段共聚物本体自组装

　　对于两嵌段共聚物而言，A 和 B 两嵌段的比例、粒子间的相互作用大小、嵌段共聚物本身的结构或者模拟过程中盒子的大小，甚至是之前所提到的嵌段共聚物排列顺序等，这些因素都会对自组装结构和形貌演化有着很大的影响。

此前，实验家和理论学家已经绘制出了两嵌段共聚物本体自组装相图，主要有层状相（L）、柱状相（H）、双连续相（G）、球状相（S）等，如图 1-10 所示。大量的研究表明，f（A、B 两嵌段的组分比）和相互作用参数 χN（Flory-Huggins 参数 χ，聚合度 N）这两个参数决定了两嵌段共聚物本体自组装的主要过程。当 $f = 0.5$ 时，也就是 AB 处于对称时，AB 界面形成自然的层状结构；当两个嵌段长度不同为非对称时，AB 界面倾向于向较短的区域弯曲。换句话说，f 分别从 0.5 向左右两侧变化时，可以发现相形态有了一个很清晰的转变：层状相—双连续相—柱状相—球状相—无序状态，这一转变科学家也进行了大量的研究。

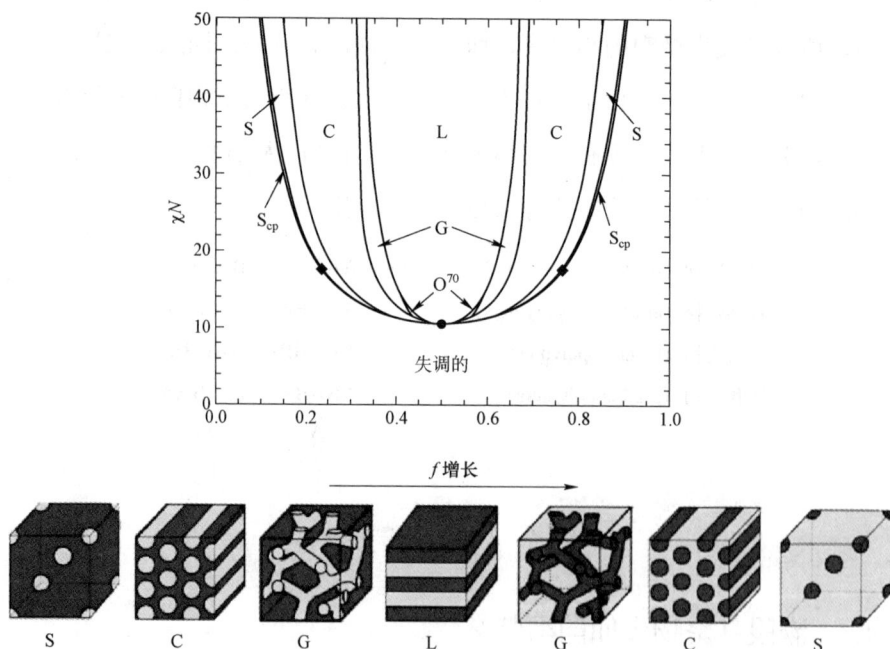

图 1-10 AB 嵌段共聚物本体自组装相图（AB 二嵌段共聚物本体自组装相图由 A 嵌段体积分数 f 和相互作用参数 χN 组成，显示了有序层状（L）、柱状（C）、bcc 球形（S）、hcp 球形（S_{cp}）、双连续相（G）和 Fddd（O^{70}）的稳定区域）

此外，随着温度的升高或 χN 的降低，两嵌段之间不相容性逐渐降低，并且混合熵不断地增大，导致相形态从有序到无序转变的一个过程。简单一点理解，在高温或者 χN 值较小的情况下，A 与 B 之间的相互作用能减小，因此，熵效应占主导地位，A 段和 B 段的随机混合有利于无序相的转变。另一方面，当温度较低或者 χN 值足够大时，A 段和 B 段相互分离，排斥作用占主导地位，使其转变为有序相。

嵌段共聚物自组装除了受自身性质以外，还受到很多因素的影响。在一定的外界环境下（施加外场、环境受限、掺杂粒子、衬底诱发等），嵌段共聚物微观相分离结构也会有很大的差别，从而形成丰富多彩的有序纳米微相结构，并且具有很好的可调控性，最终吸引了广大学者的关注和研究。

1.3.3 纳米棒诱导嵌段共聚物自组装

将纳米棒或纳米粒子掺杂在高分子聚合物的复合体系中从而制备新功能材料的方法已然得到广泛的关注。近年来，这些聚合物纳米复合材料在光学，电学，磁学，机械等方面拥有良好的性能。不同性质的纳米棒对聚合物体系的自组装行为也各不相同。例如，纳米棒的形状，纳米棒的尺寸以及棒与棒之间的相互作用，或者纳米棒与嵌段共聚物和均聚物的相互作用，嵌段共聚物和均聚物的组分比等都会对体系的自组装行为产生影响。关于这一系列的讨论，在实验研究方面还存在巨大的挑战。

近些年，计算机模拟方法被成功用于纳米粒子诱导聚合物复合体系的自组装行为中。最初，Balazs 等人提出了一种计算机模拟方法用于研究纳米粒子诱导下嵌段共聚物的自组装行为，这种方法可以研究纳米粒子/嵌段共聚物复合体系下的焓和熵的变化。后来，这种方法被很多人使用。其中在近几年中，Javier 课题组做了三组相关工作：在 2020 年用此方法模拟了嵌段共聚物/纳米棒在薄膜中的自组装，重点研究了棒与棒相互作用以及受限条件对共混物体系相行为的影响。2022 年，Javier 等人用元胞动力学和布朗动力学方法研究了纳米棒诱导下嵌段共聚物熔体的微观相转变，结果表明在纳米棒的作用下嵌段共聚物会由球状向柱状转变。同年，Javier 等人用同样的方法研究了纳米棒在嵌段共聚物中的有序阵列，并将其从二维体系扩展到了三维体系当中，更接近真实的实验。

1.3.4　外场诱导嵌段共聚物自组装

一直以来，人们对嵌段共聚物自组装的研究正在不断地扩展和深入。最近，嵌段共聚物体系施加外场相行为作为一个独立的研究对象在研究领域中迅速展开。目前已有的外场调控手段：剪切场、磁场、温度场、电场等。剪切场是本书嵌段共聚物微观相行为的普遍且行之有效的手段之一。通过向嵌段共聚物两端施加剪切场使其形成高度有序的微相结构。

剪切流场主要包括稳态剪切流场和振荡剪切流场，最近已经成功用于调控嵌段共聚物微相畴结构中。在大量科学实验的前提下，科学家们总结出了嵌段共聚物层状结构的三种取向：平行取向、垂直取向、横向取向。Daniel 等人对 PEO-PBO 在稳态剪切场下的相行为转变，发现在体系施加非常小的剪切速率时，相行为接近六方密堆积取向，增加剪切速率，会发现相行为发生转变，重新形成 FCC，且原来的球状胶束被拉伸成短棒状胶束。Lza 等人研究了海岛不相容聚合物共混体系在稳态剪切场中的相取向，在没有剪切流的情况下，分散相粒子分布比较广；高速剪切流下的液滴生长取向是快速被拉长的；在剪切流停止后，之前的液滴在高速剪切下被迫裂开，稳定之后形成大量的小液滴。Ma 等人发现，当对具有一定刚性的聚合物链施加剪切场时，由剪切场诱导的聚合物链更容易引导纳米粒子的分散行为。Nikoubashman 等人研究了剪切场下的均聚物（PS）的薄膜和柱状两嵌段共聚物（PS-PHMA）相行为，他们发现了一个特殊的行为，均聚物薄膜表现出明显的剪切行为，这与均聚物剪切取向有关，他们采用剪切力来诱导嵌段共聚物薄膜进行长程有序排列。图 1-11 为两嵌段共聚物 PS-PHMA 自组装相行为，图 1-11（a）为施加剪切前的薄膜形态，图 1-11（b）为施加剪切力后的薄膜形态（左图为实验结果图，右图为计算模拟图）。可以看到，实验结果和计算模拟是一致的。

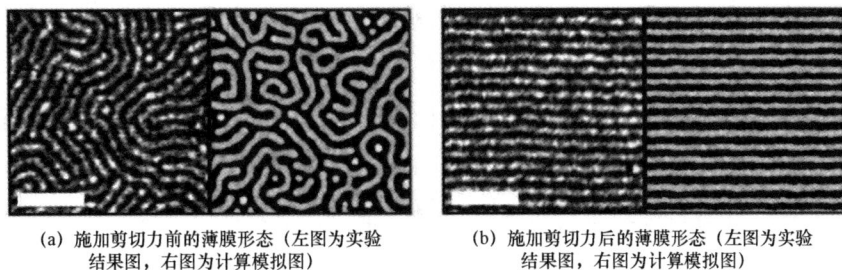

(a) 施加剪切力前的薄膜形态（左图为实验　　　　(b) 施加剪切力后的薄膜形态（左图为实验
结果图，右图为计算模拟图）　　　　　　　　　结果图，右图为计算模拟图）

图 1-11　PS-PHMA 两嵌段共聚物在剪切场下的自组装形貌图

关于振荡剪切场对嵌段共聚物共混体系相行为的影响，相关实验工作者也做了大量的研究，并且得到了一些可观的结果。与稳态剪切场相比，振荡剪切更为复杂，适用于高分子材料的合成和加工，并且可预测和表征一些高分子材料的黏弹性和相行为等，因此振荡剪切在高分子研究领域中有着很高的地位。振荡剪切对嵌段共聚物的影响主要在于振幅和频率，大振幅和小振幅、大频率和小频率都会对嵌段共聚物的层状取向有一定的选择性。小振幅振荡剪切主要是指应变振幅γ_0特别小的情况，一般研究体系的相位角、黏度和模量等的变化。通过小振幅振荡剪切可以表征诸多材料的黏性和弹性参数。而大振幅振荡剪切刚好相反，它一般研究的是体系的非线性黏弹数，大振幅加之快速变形使得物质体系原有的结构被打破，实现表征目的。2005 年，谢帆等人在高分子学术论文报告会上提到，小振幅振荡剪切频率的增大可以使得两相聚合物扩散，从而使得试样的反应转化率升高加快。2006 年，四川大学高分子材料工程课题组罗勇等人研究了聚苯乙烯和聚甲基乙烯基醚（PS/PVME）二元混合物在振荡剪切场下的相分离动力学过程。研究发现，在一定的剪切振幅和剪切频率下，混合体系的相分离存在一定的周期性和各向异性。

1.4　理论模拟方法

在高分子材料的制备中，因为很多实验设备昂贵，费时费力，且所要求的条件比较苛刻。如果能够先行从理论上对高分子材料在制备中所得到的相结构、分子链的构象、支化以及相界面的结构等进行预测，分析其中一些参数对其相行为的影响，或者是验证实验上所得到的结构，并探讨其内在机理，这将对实验工作者提供了一个很好的理论指导。反过来说，实验结果也能对理论模拟起到一定的验证和补充作用。从而，实验和理论会形成一个很好的良性循环。计算机模拟不仅可以提供分析实验结果的理论基础，而且还可以得到与理论结果相比较的相关数据。所以采用计算机模拟技术，不论是预测单个高分子链的构象还是预测分子层面的聚集形态，或者是预测高分子材料的微观性质甚至是宏观性质，已然成为高分子科学领域的发展方向。

1.4.1　元胞动力学方法

元胞动力学方法是处理复杂体系的一种理想化模型。如若有材料的组织演变等这些用数学公式难以去描述的问题，如一些复杂动态物理体系的问题，用元胞动力学的方法去处理不失为一种很好的方法。它首先考察了体系局部的相互作用，然后再借助计算机模拟这种作用导致的总体行为，去得到它们整体结构的变化，并且最终体现在宏观性能上。

这种方法的最初始是元胞自动机，是定义在一个由离散、有限状态的元胞组成的元胞空间上，按照一定的局部规则，在离散时间维度上演化的动力学系统。这一思想最早是由计算机创始人、著名数学家约翰·冯·诺依曼（John von Neumann）提出，他提出模仿人脑的行为，人脑包含自控制和自维护机理。考虑在完全离散的框架下处理，每个元胞都具有内在的状态，由有限数量的信息为组成，而这个元胞系统按照离散时间进行演化。1970 年，数学家约翰·何顿·康威（John Horton Conway）利用元胞自动机法编制了一个名为"生命"的游戏程序，并由马丁·加德纳（Martin Gardner）通过《科学美国人》介绍到全世界。该游戏通过几条简单"生死"规则的组合，细胞在网络中就可以出现无法预测的延伸、变形、停止和周期性的复杂模式。这种意想不到的结果吸引了大批计算机科学家研究"生命"程序的特点，最终证明这个程序与图灵计算机等价，也就是说给定适当的初始条件，"生命"模型可以

模拟任何一种计算机。Wolfram 在研究一维和二维元胞自动机时注意到元胞
自动机是一个离散的动力学系统，但显现出许多连续系统中遇到的行为。后
来，元胞自动机引起了各界科学家的极大兴趣，在许多领域都得到了应用，
比如生物学、生态学（兔子-草）、物理学（流体力学、场的模拟）、化学（各
种粒子在化学反应中的相互作用）、交通科学等。

元胞自动机的类型按维数可以分为一维、二维、三维或高维，但对于大
多数实际问题的模拟，应用最多的是二维和三维，下面以二维元胞自动机为
例简单介绍其基本组成。

在二维元胞自动机中，点阵网格可划分为三角形、四方形、和六边形。
四方形网格由于易于描述和显示并很容易推广到三维甚至更高的维数上去而
被大多数人采用。在四方形网格中一般应用两种邻居关系：① V.Neumann 型
邻居，包括 4 个最近邻元胞，如图 1-12（a）所示；② Moore 型邻居，除了
最近邻的 4 个元胞还包括四个对角位置的此近邻元胞，如图 1-12（b）所示。

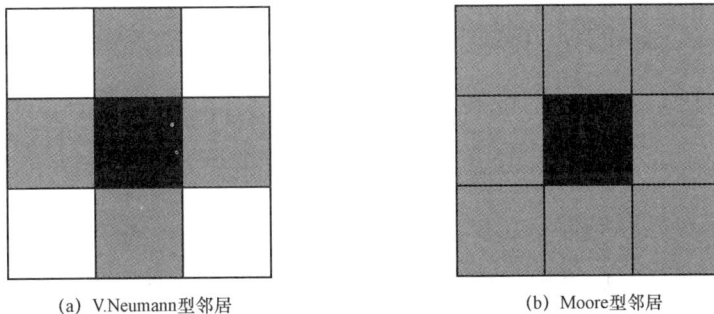

(a) V.Neumann型邻居   (b) Moore型邻居

图 1-12 元胞自动机的邻居类型

各个元胞状态的确定相应于 V.Neumann 型邻居可以由下式描述：

$$X_{i,j}^{t+\Delta t} = f(X_{i-1,j}^t, X_{i+1,j}^t, X_{i,j}^t, X_{i,j-1}^t, X_{i,j+1}^t) \tag{1.27}$$

其中，$X_{i,j}^t$ 代表元胞 i，j 在 t 时刻的状态，式中 f 是状态转变函数，即演
化规则。自动机世界之所以多种多样，根源在于作用于元胞邻域的决定元胞
状态的演化规则多种多样。它的确定依赖于对系统宏观过程和真实物理机制
的定性了解。

元胞自动机的边界条件有三种定义：定值型边界、映射型边界和周期型边界。当要模拟无限大的区域时，采用周期型边界。其初始条件可以是确定的也可以是随机产生的，根据所模拟的物理体系而确定。元胞自动机的局部规则中没有规定一个元胞或一个时间步的标度，因此其在空间和时间尺度上都是任意的。在微观层次上，元胞自动机可以看成是一个离散的动力学系统，具有以下基本特征：

（1）齐性：元胞均匀排列于离散的格点上，元胞的分布、大小、形状均相同。

（2）离散性：空间离散、时间离散、元胞的状态值也是离散的，并且元胞的状态值只能取有限个离散值。

（3）同质性：每个元胞的变化都服从相同的规则，即转换函数。

（4）计算的同步性（并行性）：各个元胞在 $t+1$ 时刻状态的变化是独立行为，特别适合于并行计算。

（5）相互作用的局部性：每个元胞状态的演化规则是局部的，仅同周围的邻居元胞状态有关。

而元胞动力学方法，其实就是在元胞自动机的基础上发展而来的，用来描述复杂体系在离散空间以及离散时间上的演化规律。它是由大量简单的、并且具有局部相互作用的"元件"组成的。在模拟的过程中，复杂体系会被分解成有限个元胞，在空间离散化的同时，把时间也离散化成整数间隔的步。元胞在某一时间步长的状态转化是由一定的演化规则来决定的，且这种转变是随着时间步长逐渐地对体系各个元胞同步进行的。元胞的状态与近邻、次近邻元胞的状态息息相关，也就是说，它们之间相互作用，相互影响。整体来说，元胞动力学方法其实就是通过局部之间的相互影响，在一定的规则变化下整合而成的总体行为。

对于之前所得到的含时的金兹堡朗道自由能，也就是 CHC-GL 方程，Ohta 等人提出了求解这个扩散方程的元胞动力学算法（Cell Dynamic Simulation），将传统的模型离散化为时空格子，离散化后有序动力学区域的空间格子尺寸不得小于链的相关长度。元胞动力学算法将拉普拉斯（∇^2）算子作如下离散化：

$$\nabla^2 \psi(n) = \frac{1}{a^2}(《\psi(n)》 - \psi(n)) \tag{1.28}$$

其中，符号《*》定义为 $\Psi(n)$ 的近邻 N，次近邻 NN 和再次近邻 NNN 的和：

$$《\psi(n)》 = b_1 \sum_N \psi(n) + b_2 \sum_{NN} \psi(n) + b_3 \sum_{NNN} \psi(n) \tag{1.29}$$

对于二维体系，$b_1 = \frac{1}{6}, b_2 = \frac{1}{12}, b_3 = 0$，而对于三维体系，$b_1 = \frac{6}{80}, b_2 = \frac{3}{80}$，$b_3 = \frac{1}{80}$。

对于二元混合物，其离散化方程为：

$$\psi(n, t+1) = \psi(n,t) + [F(\psi(n,t) - \psi(n,t)] - 《F(\psi(n,t) - \psi(n,t)》 \tag{1.30}$$

$$F(\psi(n,t) = f(\psi(n,t)) + D[《\psi(n,t)》 - \psi(n,t)] \tag{1.31}$$

式（1.17）中 D 是与界面能有关的唯像参数，$f(\psi(n,t))$ 是自由能对序参量 $\psi(n,t)$ 的微分，可以近似为 tanh 函数的形式，即：

$$f(\psi(n,t)) = -A \tanh \psi, \tag{1.32}$$

之前一系列模拟实验证明，CDS 方法并不拘泥于具体的形式，只要所选取的函数与标准自由能函数有相似的双势阱图像，因此可以认为所得到的模拟结果没有实质性的差别。

这种方法虽然忽略了链的构象、形状以及单个高分子链中链段之间的相互作用，但是它从宏观上抓住了聚合物相分离的物理本质，能够快速用简便的方法对聚合物体系的相分离形态以及其内在机理进行深入探讨。但如果对象是三嵌段或者是多嵌段共聚物，因为其分子间相互作用比较复杂，该方法则无能为力。

1.4.2 布朗动力学方法

布朗动力学模拟方法是研究胶体悬浮系统和其他相关问题的重要方法之一，特别是在对生物体的研究中有广泛且重要的应用。

模拟运动比较慢的粒子往往需要很长的时间，这个时候，如果通过全原子分子动力学的方法去进行模拟，一般很难负担。因此，在采用粗粒化方法来解决这个问题的同时，在模拟过程中还可以省略溶剂等小分子，通过随机力和摩擦系数来代替溶剂分子所造成的影响，这就是布朗动力学模拟方法的基本思路。另因为与传统溶液粒子的质量和体积相比，布朗粒子要大很多，所以粒子的动量由初始的随机分布转变为平均分布所用的时间，与粒子坐标分布平均下来的时间相比要小很多。从物理本质上来说，该现象主要是由于布朗粒子与周围粒子大量的碰撞而引起的。利用布朗动力学方法模拟可以大大节省计算时间，因此可以研究较长时间内较大粒子的运动。在布朗动力学方法中，郎之万（Langevin）方程代替了牛顿方程。

1.4.2.1 布朗运动与郎之万方程

1827 年，罗伯特·布朗（Robert Brown）发现粒子在溶液中做无规则的运动，这是因为粒子与溶液中的分子发生碰撞产生的效果，这种运动称之为布朗运动（Brownian motion）。布朗运动具有以下的特征：

（1）粒子的运动永不停止。

（2）温度的改变会影响粒子的运动。

（3）粒子的运动没有固定的轨迹，其运动轨迹呈锯齿状。

（4）粒子的大小影响粒子的运动速度。

（5）粒子的成分或密度不会影响粒子的运动。

法国物理学家保罗·郎之万（Paul Langevin）成功地把牛顿力学应用到布朗粒子上面，使其可以随机运动，给出的运动方程被称为郎之万方程（Langevin Equation）。

郎之万方程主要考虑在溶液中影响粒子运动的摩擦力 $f_i = -\varsigma \dfrac{\mathrm{d}x}{\mathrm{d}t}$ 和随机力 $F^R(t)$。粒子运动方程的数学形式为：$m\dfrac{\mathrm{d}^2 x}{\mathrm{d}t^2} = -\varsigma \dfrac{\mathrm{d}x}{\mathrm{d}t} + F^R(t)$。

郎之万方程的特点是通过随机的热扰动作用力来体现流体小分子与布朗粒子的无规热碰撞。因此可以用郎之万方程来模拟隐含溶剂体系，通过摩擦力和随机力来体现溶剂的作用。由于郎之万方程具有简单易懂的特性，现在布朗运动理论的推导常采用其方式。郎之万方程中也可以直接引入其他作用于布朗粒子的外力场。

1.4.2.2 布朗动力学

布朗动力学（Brownian Dynamics）是通过郎之万方程模拟粒子运动轨迹的方法。目前，布朗动力学模拟方法得到了广泛的应用和推广。在稀的溶液中粒子之间的相互作用可以忽略，但是在浓溶液中粒子间的作用力不能忽略，此时体系中不仅有溶剂粒子对布朗粒子的摩擦力和随机力，还有布朗粒子之间的相互作用力。因此可通过粗粒化模型将郎之万方程改写为：

$$m_i \frac{\mathrm{d}^2 x_i}{\mathrm{d}t^2} = -m_i \zeta_i \frac{\mathrm{d}x_i}{\mathrm{d}t} + \sum_j F_{ij} + F_i^R \qquad (1.33)$$

其中，x_i 代表 i 粒子的坐标，m_i 表示粒子的质量，ζ_i 代表该粒子的摩擦系数（Friction Coefficient）。根据斯托克斯定律（Stokes Law）$\zeta_i = \frac{6\pi R_i \eta}{m_i}$：$R_i$ 代表粒子的半径，η 为溶液的黏度，F_{ij} 代表粒子受到体系中 j 粒子的作用力。

$$\left\langle F_i^R(t) \right\rangle = 0, \ \left\langle F_i^R(0) F_j^R(t) \right\rangle = 2\zeta k_B T \delta_{ij} \delta(t) I \qquad (1.34)$$

其中，F_i^R 代表粒子所受到的作用力，其平均作用力为零。k_B 代表玻耳兹曼（Boltzmann）常数，T 代表温度，I 代表 3×3 的单位张量（Unit tensor）。后来将方程简化得到了布朗动力学方程：$r_i(t + \Delta t) - r_i(t) + \frac{D_i}{k_B T}$ $\sum_j F_{ij}(t) \Delta t + Z_i(\Delta t)$。

其中 $r_i(t)$ 代表 i 粒子在 t 时刻的位移，$r_i(t + \Delta t)$ 代表粒子在 Δt 时间后的位移，D_i 代表扩散系数，$Z_i(\Delta t)$ 代表呈高斯分布的时间位移。

通过求解布朗动力学方程，就可以得到粒子运动的轨迹。求解的流程如图 1-13 所示。

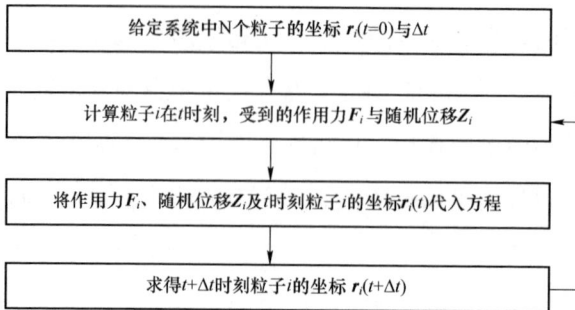

图 1-13　布朗动力学方程求解的流程

对于包含纳米粒子或是纳米棒的聚合物体系来说，粒子的运动可以用布朗动力学（Brownian Dynamics）模型描述。在布朗动力学中，粒子的运动是由与郎之万方程耦合的保守力，粒子的动量以及高斯随机噪声共同控制的。具体表示为：

$$\frac{d\mathbf{R}_i}{dt} = M_r \frac{\partial F}{\partial r_i} + \eta_i \qquad (1.35)$$

对于棒状纳米粒子，每个棒都有其质心位置 r_i 以及其取向角 θ_i，不同的 r_i 和 θ_i 遵循拉格朗日（Langevin）方程：

$$\partial r_i / \partial t = -\boldsymbol{M}_1 \partial \boldsymbol{F} / \partial r_i + \eta_i \qquad (1.36)$$

$$\partial \boldsymbol{\theta}_i / \partial t = -\boldsymbol{M}_2 \partial \boldsymbol{F} / \partial \boldsymbol{\theta}_i + \boldsymbol{\xi}_i \qquad (1.37)$$

其中，M_1 和 M_2 为纳米棒的迁移和旋转系数，η_i 和 ξ_i 是热力学涨落，满足涨落-耗散定理。

1.5　主要研究内容

本书主要围绕聚合物纳米复合材料在不同调控手段下的自组装行为展开，探讨了嵌段共聚物体系在不同性质纳米棒诱导下、嵌段共聚物/均聚物共混体系在纳米棒诱导下、两种两嵌段共聚物共混体系在振荡剪切场诱导下的微观相行为。研究的内容主要分为以下三部分：

首先，作者研究了在不同性质纳米棒诱导下非对称嵌段共聚物的相行为。

当纳米棒棒长及浸润 A 相棒长不同时，观察到了如海岛状（SI）、海岛-层状（SI-L）、层状（L）等不同的相结构。不论纳米棒是单浸润或者是双亲棒，聚合物体系随纳米棒的增加都会发生从 SI 到 L 的相转变。然而，当浸润 A 相棒长较小时，随着纳米棒数目的增加，体系更容易转变为层状结构。值得一提的是，当纳米棒数目为 240 时，通过增加浸润 A 相棒长，聚合物体系会从斜层状结构转变为平行层状、垂直层状，最后转变为海岛状结构。对于这种相转变，作者进一步分析了畴尺寸的动力学演化过程。随后，作者研究了有序平行和垂直层状结构的形貌演化过程和畴生长曲线。此外，作者研究了浸润强度、聚合度、棒-棒相互作用以及棒长对不对称两嵌段共聚物/纳米棒相行为的影响。当纳米棒的浸润强度以及嵌段共聚物的聚合度较小，棒-棒相互作用和纳米棒的棒长较大时，聚合物体系更容易形成规整的斜层状结构。这一研究结果为如何在纳米尺度上得到有序的相结构，以及如何提高聚合物纳米复合材料的功能性提供了有益的指导。

其次，作者通过掺杂纳米棒的方式对嵌段共聚物和均聚物的共混体系进行了调控。通过固定嵌段共聚物 AB 的不对称度 $f_A - f_B = 0.05$，随着均聚物 C 的浓度和纳米棒数目的变化，得到了四种形貌图：SI-R 结构（海岛状结构，岛内不完全成层）、SI 结构（海岛状结构，岛内全部成层）、L-T 结构（斜层状无序结构，AB 相不完全成层）、L-TO 结构（斜层状有序结构，AB 相交替成层）。为了深入了解，作者研究了不同 b_1 值下，C 组分浓度为 0.25 时，纳米棒数目对复合体系的影响。详细分析了复合体系随纳米棒数目和不对称度改变的相图，并且探讨了纳米棒的长度，浸润强度，相互作用以及长程关联项对复合体系相行为的影响。

最后，作者通过在两种两嵌段共聚物体系中施加振荡剪切场的方式对其相结构进行调控。研究得出了组分比为 $f_{AB/CD} = 7/3$、剪切振幅为 $\gamma = 0.02$ 时，复合体系随着剪切频率增大所出现的微观相转变。在剪切频率逐渐增大时，CD 微观相经历了从最初的同心圆环结构到环内呈平行层状结构再回到同心圆环结构再到最后平行层状结构的相转变，AB 微观相经历了从斜层状结构到平行层状结构再到垂直层状结构的相转变。作者进一步研究了 AB 嵌段共聚物在不同振荡剪切频率下畴尺寸的双对数图。后续，作者还分析了聚合物共混体系的畴结构随时间演化过程以及它的畴尺寸对时间的双对数图，两者结果一致。同时，作者通过改变两种两嵌段共聚物的组分比，研究了不同剪切频率和振幅对复合体系相行为的影响，并对其生长曲线和形貌演化过程进行了分析。

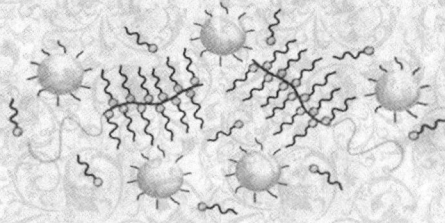

第2章 不同性质纳米棒诱导下非对称嵌段共聚物的相转变

2.1 引　言

在过去的几十年里，纳米科技蓬勃发展，主要致力于研究纳米粒子特有的机械、电学、光学、磁学等性能。调控纳米粒子在聚合物基纳米复合材料中的分布以及它们的自组装结构仍具有相当大的挑战。其中一个控制纳米粒子自组装结构的方法是将其涂成不同表面化学的纳米粒子。也就是说，同一个纳米粒子拥有不同的表面性质，比如，杰纳斯纳米粒子。由于表面性质不对称，杰纳斯纳米粒子对于构建复杂自组装结构和新功能材料的设计有着广阔的应用前景。然而，除了将纳米粒子涂层，其形状也是影响聚合物基纳米复合材料功能及潜在应用的重要因素之一。对于调控球状纳米粒子的自组装及空间分布已有大量研究，而各向异性纳米棒的分级自组装的研究相对较少，尤其是杰纳斯纳米棒。

最开始，Balazs 等人对纳米棒及二元混合物的自组装结构做了一定研究，研究表明，当纳米棒浓度比较低的时候，可自组装成针状的渗透网络结构，但增加其浓度超过一定值时则会驱动体系形成层状结构。Ma 等人发现棒与棒相互作用以及纳米棒的选择性吸附在驱动对称二元混合物/可移动纳米棒体系自组装成液滴状结构上扮演了重要的角色。在这些最简单的聚合物研究中，得到了纳米级且新奇的有序结构，这些结构展现出很好的光学性能以及结构的完整性。之后，Ma 等人研究了纳米棒在嵌段共聚物中的相行为，他们提供了一种新奇并简单的控制及设计有序纳米线结构的方法。后来，人们用不同的方法做了一系列相关的研究。Liang 等人用耗散粒子动力学（DPD）方法探讨了对称嵌段共聚物/刚性纳米棒、柱状嵌段共聚物/刚性纳米棒、嵌段共聚物/单分散或嵌段共聚物/双分散纳米棒的自组装行为。这种方法也被用来研究不同柔性纳米棒在五角二十四面体嵌段共聚物中的自组装结构与动力学以及如何通过纳米棒的表面化学控制分层聚合物混合物的增容行为和相转变机制。Ma 等人用自洽场方法（SCFT）模拟了亲 A 相的刚性棒状纳米粒子再嵌段共聚物 AB 模板中的自组装，他们通过调节粒子浓度和 A 相的组分比来控制其纳米级结构。Yan 等人模拟了纳米棒在 ABC 三元混合物中以及杰纳斯纳米棒在 AB 二元混合物中的自组装行为，所用的方法为粗粒化方法，即聚合物的 Cahn-Hilliard（CH）模型与纳米棒的布朗动力学方法（BD）联用策略。与此同时，粗粒化分子动力学方法被用来探讨掺杂纳米棒的聚合物纳米复合材料，郎之万场论模拟方法也是研究纳米棒在嵌段共聚物薄膜中分布的一种有效方法。另外，Osipov 等人还用分子统计理论和耗散粒子动力学方法（DPD）方法研究了不同长度纳米棒在层状嵌段共聚物中的定向有序和空间分布。

与此同时，相关的实验工作也正在进行中。Russel 等人研究了表面功能化的硒化镉（CdSe）纳米棒在嵌段共聚物聚苯乙烯-聚甲基丙烯酸甲酯（PS-*b*-PMMA）薄膜中的自组装。他们先让纳米棒模板化，再让模板化的纳米棒在嵌段共聚物薄膜的特定区域进行自组装，这在考虑这类纳米棒的电子或光敏性的应用方面非常重要。之后，Shenhar 等人探讨了聚苯乙烯-*b*-聚甲基丙烯酸甲酯（PS-*b*-PMMA）和硒化镉（CdSe）纳米棒在超薄膜中的共组装行为。他们考虑了共聚物尺寸和纳米棒填充率对其相行为的影响，发现短棒或者小尺寸共聚物更倾向于形成缺陷结构，而长棒和尺寸大的共聚物更容易地导致形成高度有序的结构。其他研究者还对金纳米棒/聚苯乙烯-*b*-聚甲基丙烯酸甲酯、金纳米棒/聚苯乙烯-b-聚 2-乙烯基吡啶以及硒化镉纳米棒/聚苯乙烯-b-聚 4-乙烯基吡啶等共混物的自组装行为进行了研究。此外，Lai 等人提出了一个较为简易的策略，即将金纳米棒（AuNRs）在模板化的聚苯乙烯-b-聚甲基丙烯酸甲酯薄膜中定向自组装。结果发现，在覆盖率很高时，金纳米棒会高度有序的自组装，但在低覆盖率下金纳米棒会轻微的堆积。

Walther 等人探究了 Janus 纳米柱在分级结构中的自组装，他们还对两亲 Janus 纳米柱的界面自组装进行了详细的研究。在此基础上，燕立唐等人研究了 Janus 纳米棒在二元混合物中的定向自组装；Schweizer 等人用微积分方程理论研究了对称的 AB Janus 纳米棒的傅里叶空间结构以及相行为。近来，棒状 Janus 纳米粒子在 Lennard-Jones 流体中的扩散也被研究者用分子动力学方法进行了模拟研究。本书研究组也对不同表面化学纳米棒诱导下对称嵌段共聚物的相转变进行了研究。

由此可知，掺杂球形纳米粒子的情况已经相对成熟，而将各向异性纳米棒掺杂入聚合物体系中的情况也正逐渐发展起来。但将纳米棒尤其是不同性质纳米棒掺杂入不对称嵌段共聚物中的研究相对较少，如图 2-1 和图 2-2 所示。该研究结果表明，当纳米棒为中性时，改变纳米棒的数目和棒长，本体为柱状结构的聚合物体系会形成垂直层状结构以及斜层状结构；而当纳米棒完全浸润 A 相时，随着纳米棒数目的增加，聚合物体系由柱状结构转变为带状结构，在纳米棒数目很大的时候，转变为层状结构。

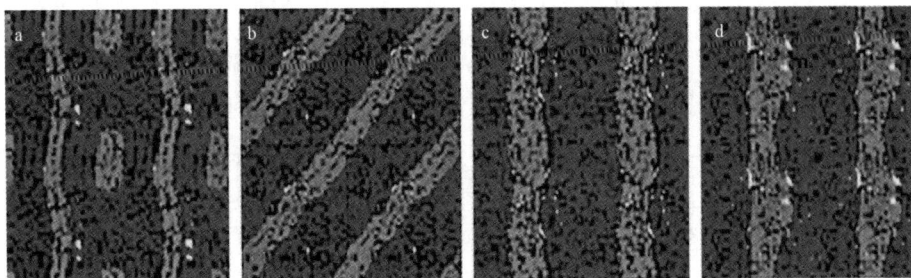

图 2-1　随着纳米棒数目和棒长的增加，中性纳米棒在非对称嵌段共聚物中的形貌图

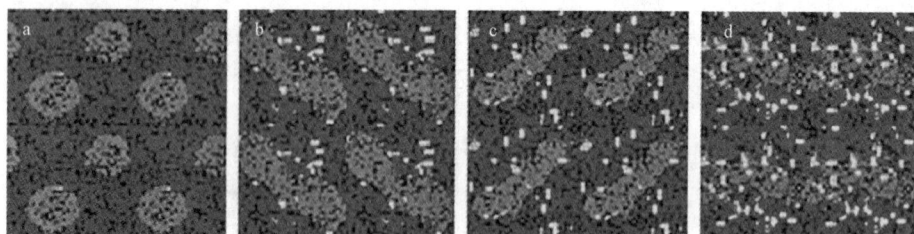

图 2-2　随着纳米棒数目的增加，亲 A 相纳米棒在非对称嵌段共聚物中的形貌图

本章将研究如何来调控非对称嵌段共聚物的微相转变，采用的方法是在其中掺杂不同性质的纳米棒，让纳米棒诱导其发生自组装。分别探讨纳米棒的性质、数目、浸润强度、棒-棒相互作用以及聚合度对聚合物体系相行为的影响。

2.2　理论模型与计算方法

本书采用 CH/BD 模型来研究纳米棒在非对称嵌段共聚物中的相行为。嵌段共聚物由 A、B 两组分组成，且 A 和 B 的聚合度分别为 N_A 和 N_B。在这里本书考虑的是不对称的两嵌段共聚物，所以嵌段 A 和嵌段 B 的聚合度是不相等的，即 $N_A \neq N_B$。在 CH/BD 模型中，对于不对称的嵌段共聚物体系，本书采用卡恩-希拉德（CH）模型来描述，而对于纳米棒体系，本书采用 BD 模型来描述。

卡恩-希拉德（CH）模型在之前的很多文献中被提及并引用，它通过一个连续的序参量来描述 A 和 B 组分间的局域浓度差，$\psi(r) = \phi_A(r) - \phi_B(r) + 1 - 2f$，其中 ϕ_A 和 ϕ_B 为 A，B 单体的局域体积分数，r 为每个组分的空间位置。f 为组分 A 占总数的百分含量，对应于本书所选择的不对称嵌段共聚物，$f = N_A / (N_A + N_B)$。相应的自由能函数的序参数模型耦合方程为：

$$\partial \psi / \partial t = \Gamma \nabla^2 (\delta F\psi / \delta \psi) \tag{2.1}$$

其中，Γ 为聚合物的迁移常数。

每个棒都有其质心位置 r_i 以及其取向角 θ_i，不同的 r_i 和 θ_i 遵循拉格朗日（郎之万）（Langevin）方程：

$$\partial r_i / \partial t = -M_1 \partial F / \partial r_i + \eta_i \qquad (2.2)$$

$$\partial \theta_i / \partial t = -M_2 \partial F / \partial \theta_i + \xi_i \qquad (2.3)$$

其中，M_1 和 M_2 为纳米棒的迁移和旋转系数，η_i 和 ξ_i 是热力学涨落，满足涨落-耗散定理。方程（2.1）～方程（2.3）在 64×64 的二维空间中离散处理，在 x 和 y 方向分别采用周期性边界条件。

自由能 F 包括三部分：$F = F_{GL} + F_{CPL} + F_{RR}$。嵌段共聚物被第一项 F_{GL} 描述，也就是 Ginzburg-Landau 自由能：

$$F_{GL} = \frac{\alpha}{2} \iint dr dr' G(r,r') \psi(r) \psi(r') + \iint dr [\omega(\psi) + \frac{D}{2} (\nabla \psi(r))^2] \qquad (2.4)$$

其中，右边的第一项为长程相关项。相对来说，它比较简单，$G(r,r')$ 为格林函数，满足方程 $-\nabla^2 G(r,r') = \delta(r-r')$。$\alpha$ 是一个非常重要的参数，由于 A 和 B 由共价键相连，它描述了长程作用力的强度，并决定了相关畴的厚度。第二项为短程相关项。其中，$\omega(\psi) = \left[-\frac{a}{2} + \frac{b}{2}(1-2f)^2 \right] \psi(r)^2 + \frac{v}{3}(1-2f)\psi(r)^3 + \frac{u}{4}\psi(r)^4$，$a$ 为温度参数，b、u、v 为现象参数。$D(\nabla \psi(r))^2$ 代表空间浓度不均匀性所引起的自由能损耗，因此与界面能息息相关。D 是一个常数，为表面张力系数。

对于纳米棒与嵌段共聚物的相互作用，

$$F_{CPL} = \int dr_i \sum_i \int ds_i V(r - s_i)(\psi(r) - \psi_\omega)^2 \qquad (2.5)$$

其中，$s_i = r_i + \delta s_i$ 代表第 i 个棒表面上的一点，$\int dr_i$ 代表第 i 个棒的整体长度。当 $\psi_\omega = 1$ 和 -1 时，本书认为纳米棒完全浸润 A 相和 B 相。本书设置短程浸润相互作用 $V(r - s_i) = V_0 \exp(-|r - s_i|/r_0)$，其中，$V_0 (>0)$ 是浸润强度参数，代表嵌段共聚物与纳米棒的相互作用强度；r_0 代表相互作用范围，并可通过纳米棒不同的化学性质和涂在棒上聚合物链的长度来调节。

棒与棒的相互作用，F_{RR} 为纯的排斥作用。该项取决于棒与棒之间的距离和棒的取向角：

$$F_{RR} = \begin{cases} \chi \sum_i \sum_j (L - |r_i - r_j|^2) \left[\dfrac{4}{3} - \cos^2(\theta_i - \theta_j) \right] & for \, |r_i - r_j| < L \\ 0 & for \, |r_i - r_j| \geqslant L \end{cases} \quad (2.6)$$

其中，常数 χ 为棒与棒之间的相互作用强度，L 为棒长。所给纳米棒的性质不同：当纳米棒完全浸润其中的一相 A 或 B 时，为单浸润棒；而纳米棒同时浸润于 A、B 两相时，为两亲棒。L_a 为浸润 A 相的棒长，L_b 为浸润 B 相的棒长。

在本书的模拟中，ψ 的最初浓度涨落范围为 [−0.01，0.01]，N 个长度为 L 的纳米棒随机分散在嵌段共聚物中，其运动限制在 64×64 的格子中。本书将参数设置为 $a = 0.2, b = 1.5, v = 2.3, u = 0.38, \Gamma = 1.0, M_1 = 1.0, M_2 = 1.0, r_0 = 3$。在本书中，所有的参数都为无量纲量。

2.3 结果与讨论

首先，本书给出了不含纳米棒的非对称嵌段共聚物以及不存在嵌段共聚物情况下纯纳米棒的自组装图，如图 2-3 所示。图 2-3（a）为非对称嵌段共聚物的平衡形貌图，其中 $f = 0.4$，灰色代表 A 相，白色代表 B 相。图 2-3（b）为纯纳米棒的平衡形貌图，纳米棒的数目 N 为 240，棒长 L 为 3，棒与棒之间的相互作用 χ 为 0.5。由图可知，非对称嵌段共聚物为六角柱状结构[或者可以称为海（B 相）～岛（A 相）状结构]。但将纳米棒置于相同大小的格子中时，纳米棒均匀分布在其中，形成各向同性的结构。

2.3.1 嵌段共聚物纳米复合物的相图及相结构

当把不同性质的纳米棒置于如上所示的非对称嵌段共聚物（$f = 0.4$）时，体系自组装形成完全不同的结构。图 2-4 展示了聚合物体系在不同纳米棒数目（N）及不同浸润 A 相棒长（L_a）下的相图。纳米棒数目从 10 增大到 300，

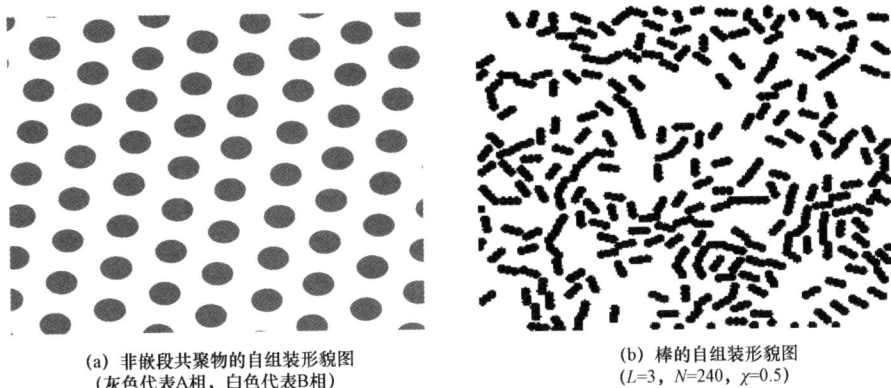

(a) 非嵌段共聚物的自组装形貌图
（灰色代表A相，白色代表B相）

(b) 棒的自组装形貌图
（L=3，N=240，χ=0.5）

图 2-3　非嵌段共聚物和棒的自组装形貌图

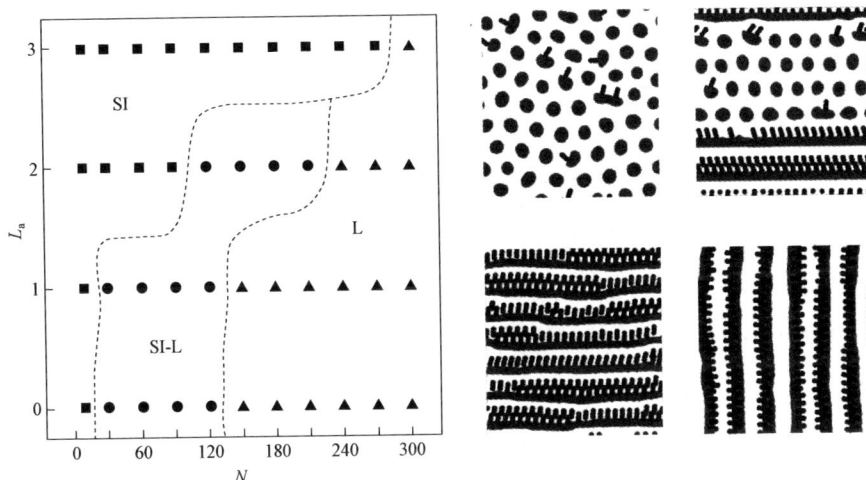

图 2-4　非对称嵌段共聚物/纳米棒共混物在不同纳米棒数目及不同浸润
A 相棒长下的相图
（虚线用于区分不同结构的相空间。右侧形貌图为代表性结构，
A 相和 B 相分别用灰色和白色表示）

纳米棒棒长为 3，浸润 A 相棒长从 0 增大到 3。在相图中，本书发现随纳米棒数目及浸润 A 相棒长的变化会出现不同的形貌结构，如海岛状（SI）、海岛-层状（SI-L）、层状（L），这些代表性结构位于相图的右侧。其对应的参数分别为，SI：$N=10$，$L_a=1$；SI-L：$N=90$，$L_a=1$；L：$N=240$，$L_a=1$ 和 $L_a=2$。

当纳米棒的数目为 10 和 300 时，聚合物体系的结构不随 L_a 的增大而变化，分别为海岛状结构和层状结构。然而，在纳米棒数目为 30～120 的范围内，聚合物体系随 L_a 的变化经历了从 SI-L 到 SI 的相转变；在纳米棒数目为 150～270 的范围内，随 L_a 的变化经历了从 L 到 SI 的相转变。有趣的是，无序的 SI-L 结构是一个海岛状和层状两相共存的状态，如图 2-4 中右侧的代表结构。值得注意的是，当纳米棒数目为 240 时，层状结构是不同的。本书现在聚焦于 $N=240$ 的情况。当 $L_a=0$ 时，即纳米棒完全浸润组分较多的 B 相，非对称嵌段共聚物形成斜层状结构，纳米棒形成平行于 A、B 相界面的双层纳米线结构。随着浸润 A 相棒长的增加，纳米棒由单亲棒转变为双亲棒，体系从斜层状结构转变为平行层状结构，继续增大 L_a 到 2，转变为垂直层状结构。但当纳米棒完全浸润 A 相，即 $L_a=3$，纳米棒再次转变为单亲棒时，聚合物体系形成"海（B 相）-岛（A 相）状"结构。

对于两亲纳米棒诱导下聚合物体系形成的层状结构（$N=240$ 时，$L_a=1$ 和 $L_a=2$），可以作如下解释：将两亲棒置于不对称的嵌段共聚物中时，由于强烈的焓效应，大部分的纳米棒钉扎在 AB 的相界面上。相同性质的纳米棒会有聚集在一起的趋势，而相界面和棒与棒之间的排斥作用则会抑制它们聚集在一起，这些相互作用的竞争导致纳米棒呈现出垂直于相界面边对边的排列方式。此时，纳米棒的数目是 240，棒的影响是比较重要的。对于较多数目的纳米棒来说，边对边且垂直于相界面的排列方式导致体系的界面能减少，这种排列方式促进了聚合物链沿棒长的方向伸展。因此，聚合物链的伸展使得体系有形成层状结构的趋势。与此同时，相界面抑制了纳米棒的运动，反过来说，被抑制的纳米棒同样抑制了聚合物链的运动，导致聚合物链的构象熵减少，而减少的构象熵对于驱动 AB 相形成层状结构起到了重要作用。但当浸润 A 相棒长 L_a 从 1 增加到 2 时，聚合物体系由平行层状结构转变为垂直层状结构，可以认为是由浸润 A 相棒长不同所引起的。浸润少数相 A 相的棒长较短时，纳米棒诱导体系形成平行层状结构，而浸润多数相 B 相的棒长较短时，纳米棒诱导体系形成垂直的层状结构。其中，被完全挤入 A 相或 B 相的纳米棒是由于当纳米棒数目为 240 时，其数量密度较高，相界面不足以容纳如此多的纳米棒。因此，当 L_a 为 1 时，浸润 B 相的纳米棒较长，就有一部分纳米棒与相界面分离，而被完全挤入 B 相中；而当 L_a 增加到 2 时，浸润 A 相的纳米棒较长，过多的纳米棒就会被完全挤入 A 相中。相比于 $N = 240$，$L_a = 1$ 时的平行层状结构，当纳米棒数目较少时，构象熵的减少并不足以使全部的 AB 相形成层状结构，其余 AB 相形成海岛状结构，因此体系在 $N = 90$，$L_a = 1$ 时为层状和海岛状两相共存的状态。与此同时，大部分的纳米棒集中于层状相的相界面上，少部分纳米棒钉扎在海岛状的相界面上。

另外，不论纳米棒是单浸润（$L_a = 0$，$L_a = 3$）或者是双亲棒（$L_a = 1$，$L_a = 2$），聚合物体系随纳米棒的增加发生了从 SI 到 L 的相转变。总体而言，SI 结构主要集中在较小的纳米棒数目（N）及较大的浸润 A 相棒长（L_a）区域，如图 2-4 左上角所示。L 结构主要集中在较多的纳米棒数目（N）及较小的浸润 A 相棒长（L_a）区域，如图 2-4 右下角所示。当浸润 A 相棒长较短时，随纳米棒数目的增加，聚合物体系更容易转变为层状结构。且转变成层状结构的数目会随着 L_a 的增大而增加。换句话说，相比于浸润少量 A 相的纳米棒，浸润多数 B 相的纳米棒更容易诱导聚合物形成层状结构。

相比于之前对纳米棒诱导对称嵌段共聚物相行为的研究，在纳米棒数目较多时，棒的性质对聚合物体系基本没有影响，都形成斜层状结构。但在该相图中，当纳米棒数目 N 为 240 时，当纳米棒完全浸润多数相 B 相时，体系形成斜层状结构；而当纳米棒完全浸润少数相 A 相时，体系形成"海（B 相）-岛（A 相）状"结构。也就是说，对于单浸润纳米棒，在相转变过程中，浸润 B 相的纳米棒比浸润 A 相的纳米棒更容易诱导该不对称嵌段共聚物形成层状结构。另外，对于其中纳米棒的排列，当纳米棒为完全浸润多数相 B 相的单亲棒时，纳米棒呈现端对端的排列方式平行于相界面；当纳米棒转变为两亲棒时，呈现边对边的排列方式垂直于相界面；而当纳米棒为完全浸润少数相 A 相的单浸润棒时，呈现多层端对端的排列方式被包裹在岛状的 A 相中。

对于浸润 B 相的纳米棒比浸润 A 相的纳米棒更容易诱导该嵌段共聚物形成层状结构，主要是由于聚合物为不对称的嵌段共聚物，且 AB 相形成六角柱状的"海（B 相）-岛（A 相）"结构，较少的 A 组分为其中的"岛"。当纳米棒完全浸润 A 相时，会使 A 相的圆柱拉长，纳米棒数目越多，被拉长的柱状数目就越多。在纳米棒数目 N 为 240 时，聚合物体系形成"海（B 相）-岛（A 相）"状结构，其中 A 相为被拉长的条柱状结构。而当纳米棒完全浸润 B 相时，较多的 B 组分为其中的"海"。本身就为相通结构的 B 相很容易在纳米棒的诱导下相连形成层状结构，所以在该纳米棒数目下形成了层状结构。

从熵的角度来看，聚合物链因被吸附在纳米棒的表面而被拉伸，因此构象熵的减少导致聚合物链被拉伸并形成层状结构。从焓的角度来看，层状结构的形成是由于纳米棒与聚合物链之间的相互作用。

为了进一步验证如上所述的现象，本书计算了在 x 和 y 方向的畴尺寸 $R_i(t)$ ($i = x$ or y) 随时间演化的双对数图。畴尺寸 $R_i(t)$ 可以从结构因子 $S(\boldsymbol{k},t)$ 的一阶矩阵的倒数得到，即：

$$R_i(t) = 2\pi / \langle k_i(t) \rangle \tag{2.7}$$

其中：

$$\langle k_i(t) \rangle = \int \mathrm{d}\boldsymbol{k} k_i S(\boldsymbol{k},t) / \mathrm{d}\boldsymbol{k} S(\boldsymbol{k},t) \tag{2.8}$$

事实上，结构因子 $S(\boldsymbol{k},t)$ 是由空间浓度分布的 Fourier 分量来决定的。图 2-5 为在 x 和 y 方向的畴尺寸 $R_i(t)$ 随时间演化的双对数图，所有的结果都做过十次平均。

图 2-5（a）给出了在浸润 A 相棒长不同的情况下 x 方向畴的生长曲线 $R_x(t)$，其中的曲线 a、b、c、d 分别对应于图 2-4 中的形貌图（a）、（b）、（c）、（d）。在最终的平衡态，畴尺寸 $R_x(t)$ 随着浸润 A 相棒长 L_a 的增加而增加（从曲线 a 到曲线 b），但随着浸润 A 相棒长的继续增加，畴尺寸 $R_x(t)$ 下降（从曲线 b 到曲线 c），但当 L_a 增大到最长 3 时，$R_x(t)$ 又稍微增加。这就意味着随着浸润 A 相棒长的增加，沿 x 轴方向的畴的粗粒化程度加强，对应于所形成的平行层状结构。如若继续增加浸润 A 相的棒长，该方向的粗粒化程度会

被抑制，形成垂直层状结构。而继续增大 L_a，该方向畴的粗粒化程度相对增加，对应于海岛状结构。相比而言，在图 2-4（b）中可以看到 y 方向的畴尺寸 $R_y(t)$ 随着浸润 A 相棒长的增加呈现先减小（从曲线 a 到曲线 b）后增加（从

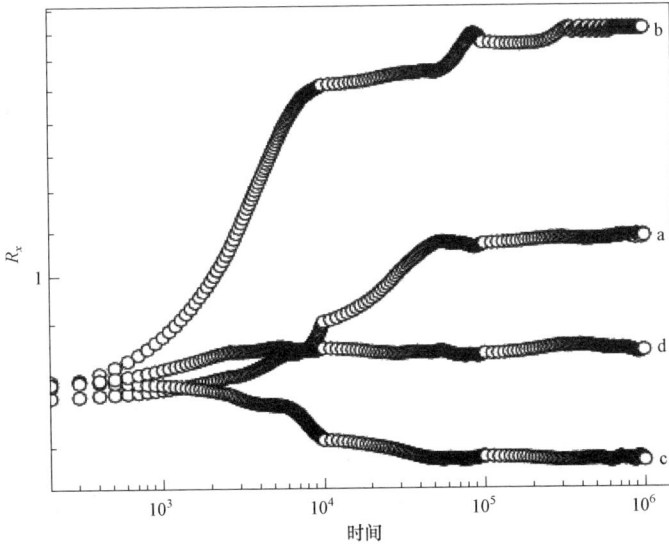

(a) 在浸润A相棒长不同的情况下，畴尺寸 R_x 随时间演化的双对数图

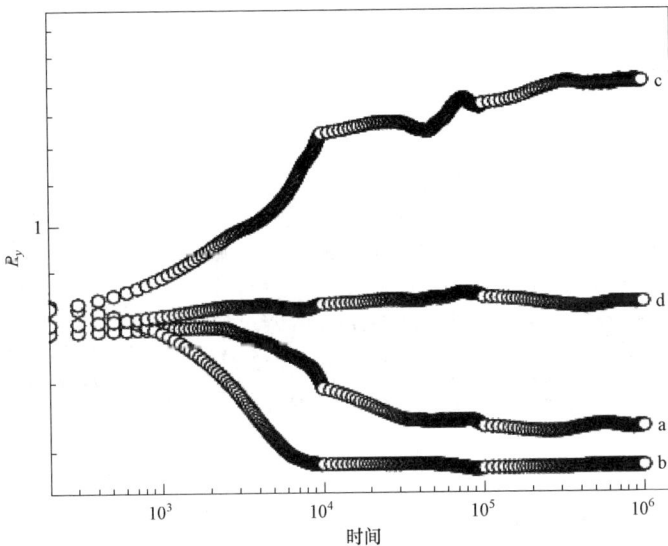

(b) 在浸润A相棒长不同的情况下，畴尺寸 R_y 随时间演化的双对数图

图 2-5　在浸润 A 相棒长不同的情况下，畴尺寸 R_x、R_y 随时间演化的双对数图

曲线 b 到曲线 c）再减小（从曲线 c 到曲线 d）的趋势。也就意味着随着浸润 A 相棒长的增加，沿 y 方向的聚合物畴的粗粒化程度被抑制之后，会大幅度地增加，但当其长度增加到最长时，其粗粒化程度会相对减少一些。此外还可以看到，在最后的一段时间内畴尺寸的值并没有发生变化，这说明本书所得到的最终畴结构是非常稳定的。

为了进一步了解聚合物体系形成平行层状结构和垂直层状结构的过程，本书分别做了不对称嵌段共聚物/纳米棒在浸润 A 相棒长 L_a 分别为 1 和 2 时随时间演化的形貌图，如图 2-6 和图 2-7 所示，以及它们分别沿 x 和 y 方向畴尺寸的生长曲线图，如图 2-8 所示。

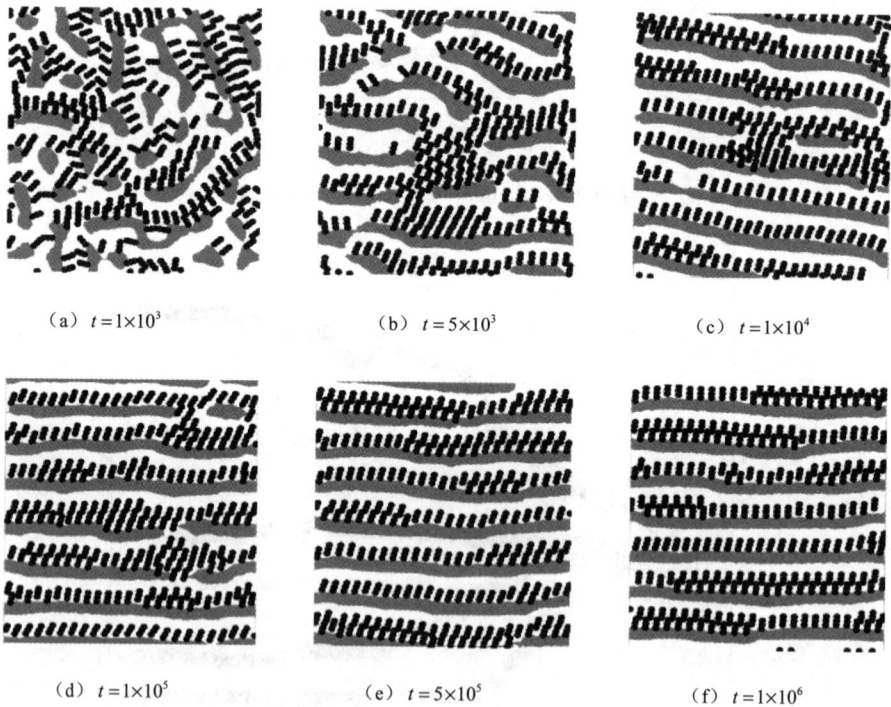

（a）$t=1\times10^3$ （b）$t=5\times10^3$ （c）$t=1\times10^4$

（d）$t=1\times10^5$ （e）$t=5\times10^5$ （f）$t=1\times10^6$

图 2-6　不对称嵌段共聚物/纳米棒在 $L_a=1$ 时的时间演化图
（A 相和 B 相分别用灰色和白色表示）

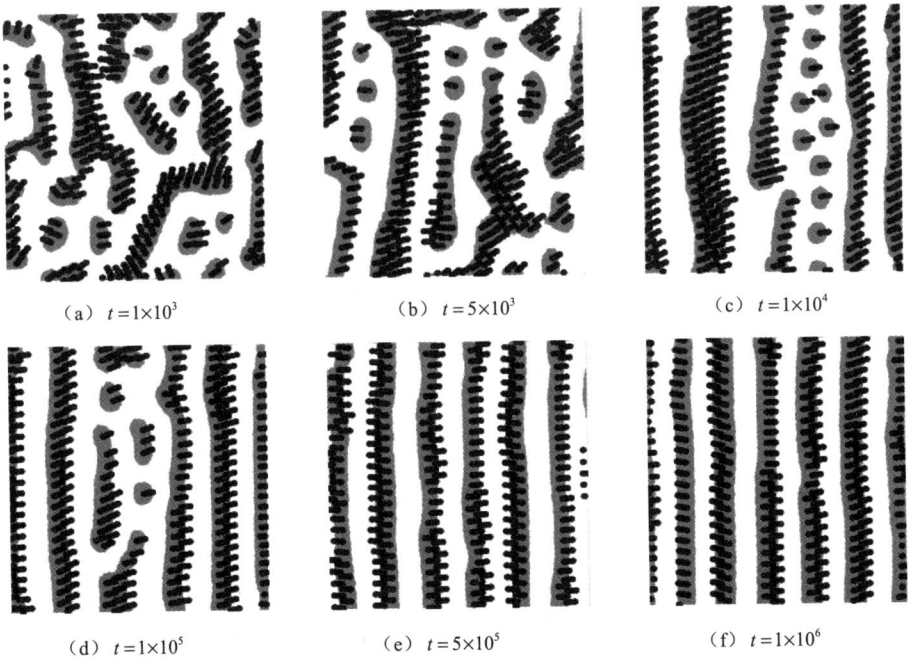

（a）$t=1\times10^3$　　　　　（b）$t=5\times10^3$　　　　　（c）$t=1\times10^4$

（d）$t=1\times10^5$　　　　　（e）$t=5\times10^5$　　　　　（f）$t=1\times10^6$

图 2-7　不对称嵌段共聚物/纳米棒在 $L_a=2$ 时的时间演化图

（A 相和 B 相分别用灰色和白色表示）

对于形成平行层状结构的例子，初始阶段（$t=1\times10^3$），嵌段共聚物为各向同性的无序结构，纳米棒钉扎在相界面上，如图 2-6（a）所示。相应的，x方向和 y 方向的畴尺寸非常接近（$R_x\approx R_y$)，如图 2-8（a）所示。在 1×10^3 $\leqslant t\leqslant1\times10^4$ 的过程中，微观畴有一个沿着 x 方向伸展的趋势，纳米棒逐渐以边对边排列的方式聚集在相界面上，如图 2-6（b）所示，此时，x 方向畴的生长速率逐渐大于 y 方向畴的生长，如图 2-8（a）所示。在之后的阶段里，钉扎在相界面上的纳米棒都以边对边且垂直于相界面的方式排列，因此聚合物体系在纳米棒的诱导下形成平行层状结构，如图 2-6（f）所示。而最终平衡态 x 方向的畴尺寸远远大于 y 方向的畴尺寸，$R_x\gg R_y$。

而对于形成垂直层状结构的例子，在时间步长为 1 000 时，聚合物体系就有向垂直结构转变的趋势，如图 2-7（a）所示，说明在初始阶段 y 方向的畴尺寸就要稍稍大于 x 方向的畴尺寸，如图 2-8（b）所示。同样的，在之后随着时间演化的过程中，聚合物体系逐渐形成比较规整的垂直层状结构，纳米棒也垂直的钉扎在相界面上，如图 2-7（b）～图 2-7（f）所示。同时，随着时间的演化，y 方向的畴尺寸逐渐增加，x 方向的畴尺寸逐渐降低，直到达到一定值后不再变化，且 $R_x \ll R_y$。

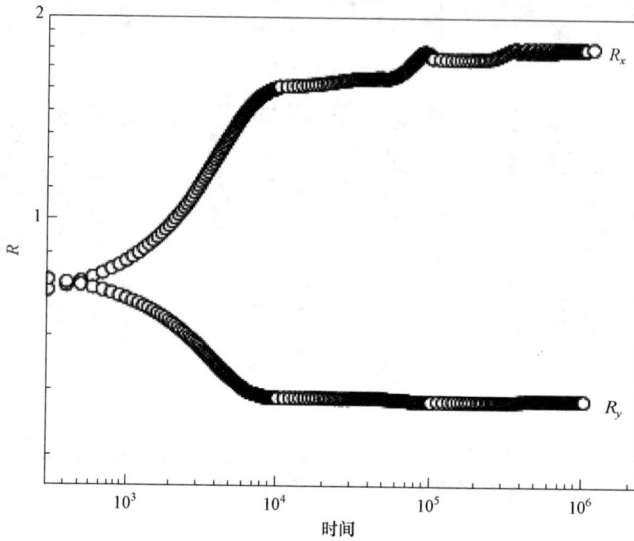

(a) 浸润A相棒长 $L_a=1$ 时，畴尺寸R_x，R_y随时间演化的双对数图

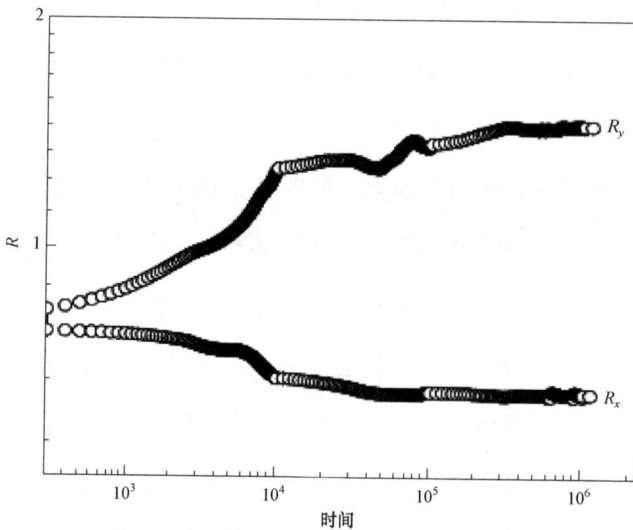

(b) 浸润A相棒长 $L_a=2$ 时，畴尺寸R_x，R_y随时间演化的双对数图

图 2-8　不对称嵌段共聚物/纳米棒沿 x 和 y 方向畴尺寸的生长曲线图

另外，从畴的生长曲线图还可以看到，初始阶段，体系的畴尺寸生长比较缓慢。在中间阶段，畴尺寸的变化非常明显，而在最后阶段畴尺寸并无变化。在最后很长的一段时间内，畴尺寸并无随着时间的变化而变化，再一次证明了本书所得到的平行层状结构以及垂直层状结构非常稳定。

2.3.2　其他参数对嵌段共聚物纳米复合物的影响

在纳米科技领域最值得期待的研究是准备高度有序以及可控的纳米结构，所以对于完全浸润 A 相的纳米棒来说，如何在少数纳米棒（完全浸润 A 相）诱导的情况下形成有序的层状结构，也是本书需要解决的问题之一。

2.3.2.1　浸润强度的影响

首先，本书通过改变单浸润纳米棒的浸润强度 V_0，研究浸润强度对非对称嵌段共聚物/纳米棒体系相行为的影响，如图 2-9 所示。结果表明，在浸润强度为 0.08 时，体系形成被拉长的"海（B 相）-岛（A 相）状结构"，纳米棒完全钉扎在岛状的 A 相中，如图 2-9（a）所示。随着浸润强度的减小，体系有逐渐向层状结构转变的趋势，如图 2-9（b）所示。当浸润强度减小到 0.04时，体系完全转变为规整的斜层状结构，如图 2-9（c）所示，纳米棒呈平行于相界面的双层纳米线结构完全浸润在 A 相中。但若继续减小浸润强度到0.003，会有部分纳米棒脱离 A 相的束缚，使得体系的层状结构并不是那么规整，形成如图 2-9（d）所示的结构。

这主要是由于，浸润强度降低，纳米棒与 A 相的相互作用减弱，相应的，来自聚合物与纳米棒的自由能贡献（F_{pr}）减少，体系的自由能降低。所以在浸润强度减弱的时候，体系形成相对有序的层状结构。继续降低浸润强度到0.003 时，纳米棒与 A 相相互作用太弱，导致部分纳米棒"逃出"A 相的"束缚"，形成如图 2-9（d）所示的结构。

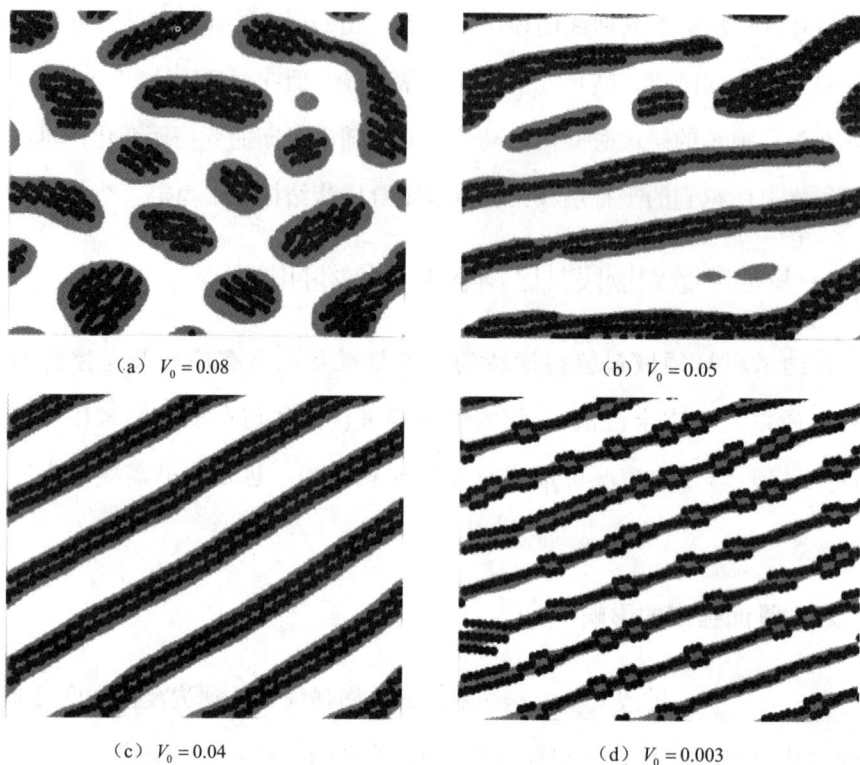

(a) $V_0 = 0.08$

(b) $V_0 = 0.05$

(c) $V_0 = 0.04$

(d) $V_0 = 0.003$

图 2-9　非对称嵌段共聚物在不同浸润强度纳米棒诱导下的自组装形貌图
（$N = 240$，$L = 3$，$L_a = 3$，$\alpha = 0.02$，$\chi = 0.5$，A 相和 B 相分别用灰色和白色表示）

2.3.2.2　聚合度的影响

另外，本书通过改变非对称嵌段共聚物的聚合度，探讨聚合度对非对称嵌段共聚物/纳米棒体系相行为的影响，如图 2-10 所示。在图 2-10（a）～图 2-10（c）中，纳米棒的数目为 240，从图 2-10（a）到图 2-10（c）长程相关项逐渐升高。结果发现，在 α 值较低时，会有更多的纳米棒发生聚集，集中于所浸润的 A 相中，如图 2-10（a）所示。而在 0.02 的基础上增大 α 值，其中"岛状"结构的 A 相区被拉长，如图 2-10（b）所示，继续增大 α 值到 0.07 时发现被拉长的 A 相区部分相连，畴的宽度明显减小，但又由于所掺杂的纳米棒数目较少，并不是所有的 A 相区都被拉长而形成层状结构，如图 2-10（c）所示。如若增加所掺杂纳米棒的数目，并同时增大长程相关项，会发现在 α 值为 0.04 时，聚合物体系就形成了规整的斜层状结构，纳米棒则为平行于相界面的方式端对端排列，如图 2-10（d）所示。

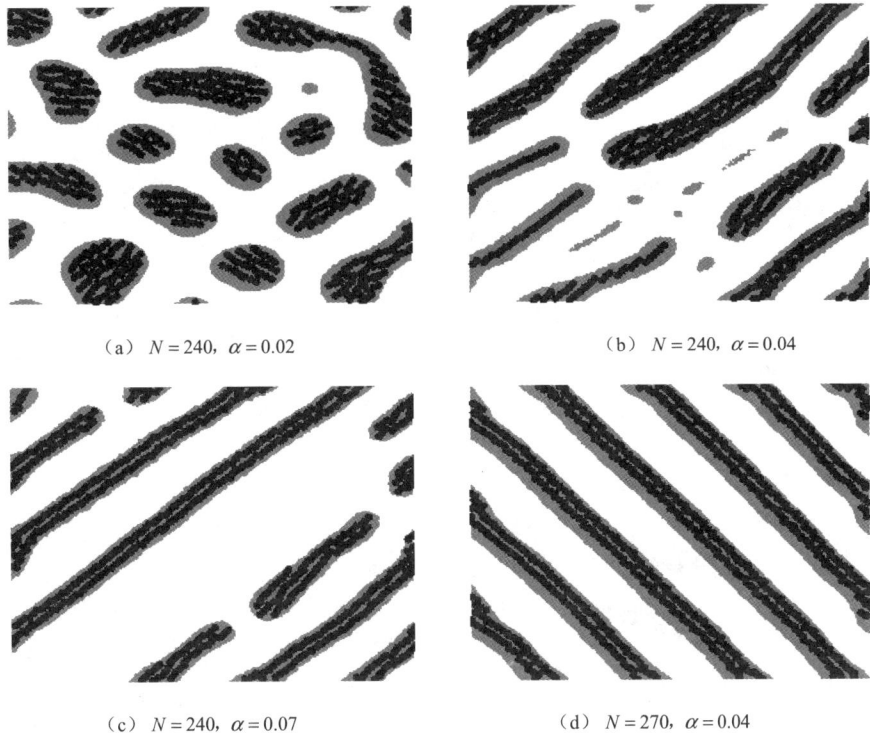

（a）$N = 240$，$\alpha = 0.02$　　　　　　　（b）$N = 240$，$\alpha = 0.04$

（c）$N = 240$，$\alpha = 0.07$　　　　　　　（d）$N = 270$，$\alpha = 0.04$

图 2-10　聚合度不同的非对称嵌段共聚物在单浸润纳米棒诱导下的自组装形貌图
（$L = 3$，$L_a = 3$，$v_0 = 0.08$，$\chi = 0.5$，A 相和 B 相分别用灰色和白色表示）

究其原因，聚合物的长程关联项与其聚合度有关，且 α 值越大，聚合度（聚合度即聚合物的链段数）越小，畴结构（层）的厚度越小。当 α 值较小时，畴宽度较大，会诱导纳米棒聚集在 A 相畴中，形成大量纳米棒聚集于一起，但却分散在 B 相中的岛状结构。若增大 α 值，畴宽度减小，使得聚合物中的 A 相区拉长变窄，相互连接形成层状结构。

2.3.2.3　棒–棒相互作用强度的影响

其次，本书通过改变单浸润纳米棒棒与棒之间的相互作用强度 χ，研究

51

其相互作用强度对非对称嵌段共聚物/纳米棒体系相行为的影响，如图 2-11
所示。结果表明，随着棒-棒相互作用强度的增加，聚合物体系逐渐由被拉长
的海岛状结构形成斜层状结构。但与之前所形成斜层状结构不同的是，由于
棒-棒之间相互作用较强，纳米棒呈现出垂直于相界面的排列的方式。

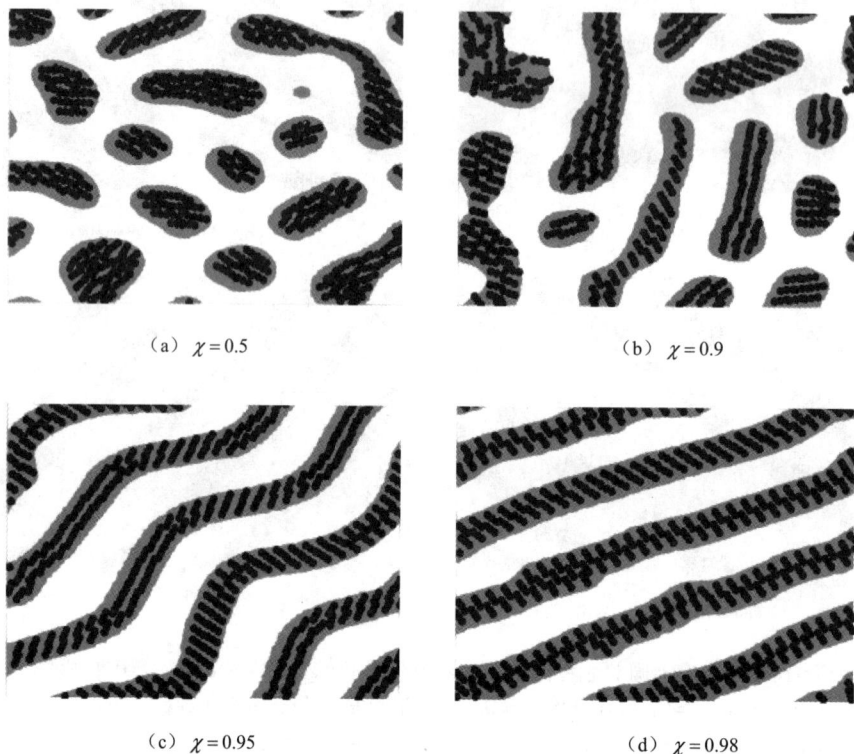

（a） $\chi = 0.5$ 　　　　　　　　　　　（b） $\chi = 0.9$

（c） $\chi = 0.95$ 　　　　　　　　　　（d） $\chi = 0.98$

图 2-11　棒-棒相互作用强度对非对称嵌段共聚物/纳米棒体系自组装形貌图
（ $N = 240$， $L = 3$， $L_a = 3$， $v_0 = 0.08$， $\alpha = 0.02$，A 相和 B 相分别用灰色和白色表示）

2.3.2.4　棒长的影响

最后，本书通过增加纳米棒的棒长，探究棒长对非对称嵌段共聚物/纳米
棒体系相行为的影响，如图 2-12 所示。结果表明，对于纳米棒数目为 240 的
情况，随着纳米棒棒长的增加，聚合物体系更倾向于形成层状结构，如图 2-12
（a）和图 2-12（b）所示。然而当将长度 $L = 4$ 时的纳米棒数量减小到 190 时，

聚合物体系转变为斜层状结构，如图 2-12（c）所示。通过继续增大纳米棒棒长到 5，在纳米棒数目为 154 的情况下观察到了倾斜的层状结构，如图 2-12（d）所示。换句话说，当纳米棒数目较少且长度较长时，聚合物体系容易形成有序的斜层状结构。

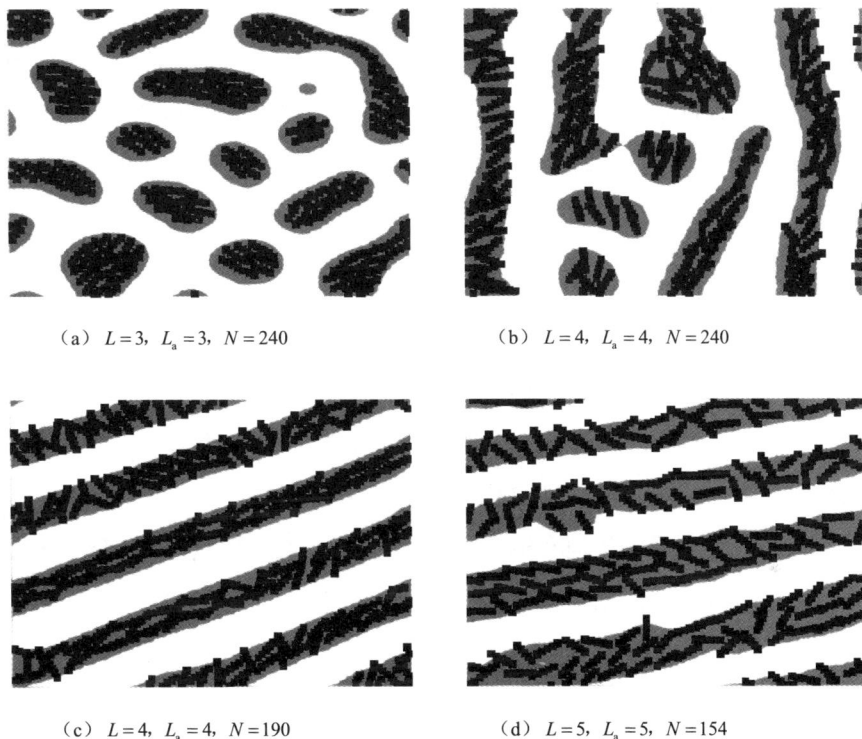

（a）$L = 3$，$L_a = 3$，$N = 240$　　　　（b）$L = 4$，$L_a = 4$，$N = 240$

（c）$L = 4$，$L_a = 4$，$N = 190$　　　　（d）$L = 5$，$L_a = 5$，$N = 154$

图 2-12　棒长对非对称嵌段共聚物/纳米棒体系自组装形貌图
（$V_0 = 0.08$，$\alpha = 0.02$，$\chi = 0.5$，A 相和 B 相分别用灰色和白色表示）

2.4　本章小结

作者采用元胞动力学和布朗动力学的方法研究了非对称嵌段共聚物在不同性质纳米棒诱导下的相转变，结果展示了嵌段共聚物纳米复合物的相图及代表性纳米结构。在相图中，观察到了如海岛状（SI）、海岛-层状（SI-L）、层状（L）等不同的相结构。当纳米棒的数目为 10 和 300 时，聚合物体系的结构不随 L_a 的增大而变化，分别为海岛状结构和层状结构。然而，在纳米棒数目为 30 到 120 的范围内，聚合物体系随 L_a 的变化经历了从 SI-L 到 SI 的相转变；在纳米棒数目为 150～270 的范围内，随 L_a 的变化经历了从 L 到 SI 的相转变。不论纳米棒是单浸润或者是双亲棒，聚合物体系随纳米棒的增加都会发生从 SI 到 L 的相转变。然而，当浸润 A 相棒长较小时，随着纳米棒数目的增加，体系更容易转变为层状结构。值得一提的是，当纳米棒数目为 240 时，通过增加浸润 A 相棒长，聚合物体系会从斜层状结构转变为平行层状、垂直层状，最后转变为海岛状结构。对于这种相转变，作者进一步分析了畴尺寸的动力学演化过程。随后，作者研究了有序平行和垂直层状结构的形貌演化过程和畴生长曲线。此外，作者研究了浸润强度、聚合度、棒-棒相互作用以及棒长对不对称两嵌段共聚物/纳米棒相行为的影响。当纳米棒的浸润强度以及嵌段共聚物的聚合度较小，棒-棒相互作用和纳米棒的棒长较大时，聚合物体系更容易形成规整的斜层状结构。

本章的研究结果为如何在纳米尺度上得到有序的相结构，以及如何提高聚合物纳米复合材料的功能性提供了有益的指导。

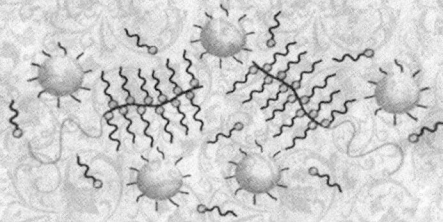

第 3 章 纳米棒诱导不对称二嵌段共聚物/均聚物复合体系的自组装行为

3.1 引　言

近几十年来，各种聚合物/纳米复合材料的合成取得了重大进展，同时，人们对其基本原理在材料、光学、电子和生物医学等方面的认识也有所加深。在众多研究中，人们采用多种不同的方法来构建聚合物纳米复合材料，自组装是其中最重要的方法之一。通过嵌段共聚物（BCP）自组装技术制备功能纳米材料已逐渐成为一种趋势。最近的计算机模拟表明，纳米粒子和嵌段共聚物的协同自组装可以产生各种各样的结构，并能很好地控制颗粒排列。纳米颗粒的掺杂被认为是一种极好的材料增强策略，也是在许多实际应用中产生高度有序结构的关键方法。近年来，对球形纳米粒子的研究非常普遍，但对各向异性纳米棒的研究却相对较少。

在早期，进行了大量相关的理论研究。Chen 和 Ma 模拟了 AB 嵌段共聚物/非相互作用纳米棒复合材料的相分离生长动力学。Bockstaller 等人使用嵌段共聚物和不同大小的疏水纳米颗粒的二元混合物来演示层状结构的形成。Wei 等人使用巯基乙酸修饰的 CdS 纳米颗粒选择性地分散在聚苯乙烯-b-4-乙烯基吡啶嵌段共聚物（S4VP）的聚（4-乙烯基吡啶）畴中，这一过程又诱导了 S4VP 从六边形填充的圆柱形结构向层状结构的形态转变，这种转变与二嵌段共聚物/纳米颗粒混合体系相图的理论预测一致。一个特别有趣的例子是 Russell 课题组的工作，他们的工作表明，可以通过引入优先分离到高表面能域的表面活性纳米颗粒来控制薄膜中嵌段共聚物畴的取向。Composto 等研究了聚合物接枝 Fe_3O_4 纳米颗粒在嵌段共聚物中的分散性。当表面活性剂在颗粒表面的接枝密度固定时，在较短的电刷下，颗粒分散均匀。随着电刷分子质量的增加，纳米颗粒被驱动成大的聚集体。结果，嵌段共聚物在颗粒聚集体周围组装成洋葱环状结构。He 等人利用耗散粒子动力学方法研究了单分散或双分散非相互作用纳米棒共混嵌段共聚物的自组装。结果表明，复合材料的平衡形态主要取决于棒的浓度、长度以及棒与棒之间的相互作用强度。当双分散纳米棒与嵌段共聚物混合时，较长的纳米棒优先位于两个畴之间的界面，而较短的纳米棒则在 A 和 B 区均匀分布，但在 A/B 界面的浓度较低。Lin 等人研究了由聚苯乙烯-*b*-2-乙烯基吡啶（PS-PVP）组成的二嵌段共聚物微相分离中磁性纳米棒的自组装与棒长和棒浓度的关系。结果表明，在 PS-PVP 中加入纳米棒会导致链拉伸。同时，随着纳米棒长度的增加，范德华相互作用的增加导致了棒的广泛聚集，抑制了 PVP 畴的大小。这为诱导混乱的聚合物形态和纳米棒进行相分离创造了条件。Roy 等研究了纳米颗粒形状（球状和棒状）以及块的体积组成的影响，结果揭示了纳米颗粒形状对薄膜结构的影响。同时，研究者对嵌段共聚物与纳米棒复合体系的相行为进行了大量的理论研究和实验。除了嵌段共聚物的自组装外，研究者对嵌段共聚物和均聚物杂化体系的自组装行为也有一定的研究。Geng 等深入研究了纳米棒的数量和长度以及浸润强度对嵌段共聚物和均聚物的复合体系自组装和材料相变的影响。他们获得了海岛结构纳米棒基团聚体、海岛结构纳米棒基分散体、层状结构纳米棒基多层排列体和纳米线结构等多种结构。对于有序纳米线结构的构建，他们的模拟提供了理论帮助。

在此基础上，作者研究了纳米棒诱导下不对称二嵌段共聚物和均聚物复合体系的相行为。第二节介绍了模拟计算方法，第三节给出了研究结果及相关讨论，第四节给出了结论。

3.2　理论模型与计算方法

作者采用 Cahn-Hilliard（CH）/Brownian Dynamics（BD）模型的混合方法研究了纳米棒诱导下二嵌段共聚物/均聚物混合体系的相转变，该方法已被多位研究者广泛使用。该方法采用 CH 模型描述不对称嵌段共聚物的相分离，BD 模型描述纳米棒的运动。二嵌段共聚物由 A 和 B 组成，A 段和 B 段的聚合度分别为 N_A 和 N_B。此处将二嵌段共聚物视为不对称共聚物，即 $N_A \neq N_B$。

在不对称二嵌段共聚物和均聚物的复合体系中，三个组分的体积分数满足以下关系：$\phi_A + \phi_B + \phi_C =$ 常数，且三个体积分数相互独立。本书将 $\phi = \phi_A + \phi_B$ 和 $\psi = \phi_A - \phi_B$ 作为两个自变量，其中 ϕ 表示嵌段共聚物和均聚物的分离，ψ 有着序参量的作用，表示 A 和 B 组分之间的局部浓度差异。另外，赋予一个新的阶参数 η 来代替 ϕ，$\eta = \phi_A + \phi_B - \psi_C$。其中，$\psi_C$ 表示相分离临界体积分数，它取决于 A、B、C 三者的聚合度，$\psi_C = \dfrac{\sqrt{N_C}}{\sqrt{N_{AB}} + \sqrt{N_C}}$，这里 $N_{AB} = N_A + N_B$。

当 $\eta > 0$ 时，表明 A、B 组分的体积分数大于 C 组分的体积分数；反之，AB 组分的体积分数小于 C 组分的体积分数。ψ 的通量与化学势的局部梯度成正比，而化学势又与自由能 F 对序参量的导数成正比。本书用高度复杂的动力学方程来表示二嵌段共聚物与均聚物的混合体系：

$$\frac{\partial \eta}{\partial t} = M_\eta \nabla^2 \frac{\delta F}{\delta \eta} \tag{3.1}$$

$$\frac{\partial \psi}{\partial t} = M_\psi \nabla^2 \frac{\delta F}{\delta \psi} \tag{3.2}$$

其中，M_η 和 M_ψ 表示流动系数。每个纳米棒都有一个固定方向的质心位置 r_i 和一个定向角 θ_i。对于第 i 个纳米棒，变量 r_i 和 θ_i 服从拉格朗日方程：

$$\frac{\partial r_i}{\partial t} = -\frac{M_1 \partial F}{\partial r_i} + \eta_i \tag{3.3}$$

$$\frac{\partial \theta_i}{\partial t} = -\frac{M_2 \partial F}{\partial \theta_i} + \xi_i \tag{3.4}$$

其中，纳米棒的迁移和旋转系数可以表示为 M_1 和 M_2、η_i 和 ζ_i 是满足涨落-耗散关系的热涨落。方程（3.3）和方程（3.4）在 128×128 的方格上进行数值积分和离散，在 x 和 y 方向上都具有周期性边界条件。

这三部分，F_{GL}、F_{CPL} 和 F_{RR}，加起来形成自由能 F。

$$F_{GL}(\eta, \psi) = \int dr \left[\left(-\frac{a}{2}\psi^2 + \frac{b}{4}\psi^4 + \frac{c}{2}(\nabla \psi)^2 \right) + \left(-\frac{a'}{2}\eta^2 + \frac{b'}{4}\eta^4 + \frac{c'}{2}(\nabla \eta)^2 \right) + \right.$$
$$\left. b_1 \eta \psi - \frac{1}{2}b_2 \eta \psi^2 \right] + \frac{\alpha}{2} \iint dr dr' G(r,r')[\psi(r) - \psi_0][\psi(r') - \psi_0] \tag{3.5}$$

F_{GL} 表示的是嵌段共聚物和均聚物混合体系的自由能。式（3.5）中的 a、b、c、a'、b'、c'、b_1、b_2 都是常数。常数 b_1 反映单体 C 对 A 和 B 的斥力，表示为 $b_1 = \frac{\chi_{BC} - \chi_{AC}}{2}$。从公式中可以明显看出 b_1 项主要来源于嵌段共聚物 AB 与均聚物 C 的相互作用。如果 $\chi_{AC} > \chi_{BC}$，则 b_1 小于零。常数 b_2 表示均聚物 C 与聚合度 N 的相关性，$b_2 = \frac{1}{\psi_C^2 N_A}$。A、B、C 组分的聚合度表示为 N_i（$i =$ A、B 或 C），$G(r,r')$ 为由方程 $-\nabla^2 G(r,r') = \delta(r - r')$ 导出的格林函数。ψ_0 表示 ψ 的空间平均值。由于二嵌段共聚物是不对称的，本书设 $\psi_0 \neq 0$。由于 A 和 B 组分是由共价键连接的，参数 α 描述了长程关联强度。

F_{CPL} 为纳米棒与聚合物之间的相互作用，表示如下：

$$F_{CPL} = \int dr \sum_i \int ds_i \int ds_i V_0 \exp\left(\frac{-|r - s_i|}{r_0} \right)(W(r) - W_w)^2 \tag{3.6}$$

式中 dr 表示对第 i 个纳米棒长度的积分，式中纳米棒表面上的点为 $s_i(s_i = r_i + \delta s_i)$。当 $W = \eta = \phi_A + \phi_B - \psi_C$ 和 $W_w = \eta_w = -1$ 时，纳米棒优先湿润在 C 相。其中，认为短程润湿相互作用 $V(r - s_i) = V_0 \exp\left(\frac{-|r - s_i|}{r_0} \right)$，$V_0$（$>0$）为润

湿强度参数，它描述了聚合物组分与纳米棒之间的短程相互作用。涂在纳米棒上的聚合物链的长度和纳米棒不同的性质可以用来调节 r_0（指棒与棒之间相互作用的范围）。

本书认为纳米棒之间的相互作用 F_{RR} 是纯排斥的，它取决于纳米棒 i 和 j 之间的角度和距离，表示如下：

$$F_{RR} = \begin{cases} \chi \sum_i \sum_j \left(L - |r_i - r_j|\right)^2 \times \left[\dfrac{4}{3} - \cos^2(\theta_i - \theta_j)\right], & |r_i - r_j| < L \\ 0, & |r_i - r_j| \geq L \end{cases}$$

（3.7）

χ 代表纳米棒之间相互作用强度，L 是指纳米棒的长度，正是因为这些作用使纳米棒呈现各向同性向有序排列。从方程中可以清楚地看到，F_{RR} 受上述两个因素的影响。当 χ 固定且 L 足够大时，斥力越大；L 越小，斥力越小。

本书采用 CDS 方法，该方法将动力学方程（3.1）～方程（3.7）用于具有离散化和周期边界条件的 128×128 二维空间中，ψ 的初始浓度为[-0.01, 0.01]中，不同性质的纳米棒随机分散在嵌段共聚物中。在接下来的模拟中，根据前人的工作经验，参数设置为 $M_\eta = M_\psi = 1.0$，$M_1 = 1.0$，$M_2 = 1.0$，$b_2 = 0.2$，$\chi = 0.6$，$r_0 = 3.0$，$N_A = N_B = 24$，$N_C = 34$，$\Delta t = 1$。文中，f_A、f_B、f_C 分别表示 A、B、C 三组分的浓度，所有参数都被重新缩放为无量纲单位。

3.3　计算结果与讨论

3.3.1　纳米棒诱导微观相转变

表 3-1 统计了在不同 C 组分浓度下嵌段共聚物/均聚物/纳米棒的复合体系出现四种不同结构所需的纳米棒数量。表 3-1 第一列表示 C 组分的浓度，第一行表示纳米棒诱导下嵌段共聚物/均聚物/纳米棒共混体系的四种相结构。

表中所有数据均是在 $f_A - f_B = 0.05$ 情况下得到的。从表 3-1 中可以明显看出，当 C 组分浓度较大时，无论纳米棒数量是多是少，体系只呈现 SI-R 一种结构；当 C 组分浓度减小到 0.55 时，纳米棒数量在 0~420 之间，体系呈现的是 SI-R 结构；当纳米棒数目大于 420 时，体系由海岛状且岛内不完全成层的结构转变为海岛状且岛内全部成层的结构，即 SI 结构；当 C 组分浓度减小到 0.50 时，在不掺杂纳米棒或掺杂 10 个以内纳米棒的情况下，体系呈现的是 SI-R 结构，纳米棒数目在 10~690 范围内时，体系由海岛状且岛内不完全成层的结构转变为海岛状且岛内全部成层的结构，即 SI 结构，再继续增大纳米棒的数量，本书发现，体系由海岛状结构向斜层状结构转变，但层状并不有序，即 L-T 结构。

表 3-1 统计在不同 C 组分浓度下纳米棒和嵌段共聚物与均聚物复合体系出现四种不同结构所需的纳米棒数目

f_C	SI-R	SI	L-T	LT-O
0.75~0.60	—	—	—	—
0.55	N<420	N≥420	—	—
0.50	N<10	10≤N<690	N≥690	—
0.40	—	0≤N<660	N≥660	—
0.30	—	0≤N<570	N≥570	—
0.25	—	0≤N<420	420≤N<480	N≥480
0.20	—	0≤N<420	N=420	N>420
0.15	—	0≤N<240	240≤N<420	N≥420
0.10	—	0≤N<240	240≤N<330	N≥330
0.05	—	0≤N<150	150≤N<240	N≥240

值得注意的是，当 C 组分浓度继续减小时（$f_C \leqslant 0.40$），体系不再呈现 SI-R 结构。其中，$f_C = 0.40$，纳米棒数目在 660 棒以内时，体系呈现的是 SI 结构，在纳米棒数量大于等于 660 时，体系由海岛状结构转变为 L-T 结构；当 C 组分浓度减小到 $f_C = 0.30$，纳米棒数目在 570 棒以内时，体系呈现 SI 结构，在纳米棒数量大于等于 570 时，体系由海岛状且岛内全部成层结构转变为 L-T 结构；当 f_C 继续减小到 0.25 时，纳米棒数量在 420 个范围内，体系呈现海岛状且岛内全部成层结构，纳米棒数量大于等于 420 小于 480 时，体系由海岛状且岛内全部成层结构转变为 L-T 结构，纳米棒数目大于等于 480 情况下，体系出现了 L-TO 结构；在 f_C 为 0.20，纳米棒数目 420 以内时，体系呈现 SI 结构，在纳米棒数量等于 420 时，体系由海岛状岛内全部成层转变为 L-T 结构，纳米棒数目大于 420 时，体系由 L-T 结构转变为 L-TO 结构；在 f_C 为 0.15 时，纳米棒数目在 240 以内时，体系呈现 SI 结构，在纳米棒数量为 240～420 时，体系由海岛状结构岛内成层转变为 L-T 结构，纳米棒数目大于 420 时，体系由 L-T 结构转变为 L-TO 结构；在 f_C 为 0.10 时，纳米棒数目在 240 以内，体系呈现 SI 结构，在纳米棒数量为 240～330 时，体系由海岛状结构岛内全部成层转变为 L-T 结构，当纳米棒数目大于等于 330 时，体系由无序的斜层状结构转变为有序的斜层状结构；在 f_C 为 0.05 时，纳米棒数目在 150 以内，体系呈现 SI 结构，在纳米棒数量为 150～240 时，体系由海岛状且岛内全部成层转变为 L-T 结构，纳米棒数目大于 240 时，体系由无序的斜层状结构转变为有序的斜层状结构。

此外，在整个表的统计中可以清晰看到，随着 C 组分浓度的不断减小，体系成层所需要的纳米棒的数目越来越少，同样地，体系趋向有序结构所需要的纳米棒的数目也越来越少。

当 $f_C = 0.25$，$f_A - f_B = 0.05$ 时，纳米棒/嵌段共聚物/均聚物混合体系在不同 b_1 下的相转变，如图 3-1 所示。图 3-1（a_1）、图 3-1（b_1）、图 3-1（c_1）分别对应的 b_1 为 0.01，分别对应的纳米棒的数目为 270、420、450；图 3-1（a_2）、图 3-1（b_2）、图 3-1（c_2）分别对应的 b_1 为 0.05，分别对应的纳米棒的数目为

360、450、570；图 3-1（a_3）、图 3-1（b_3）、图 3-1（c_3）分别对应的 b_1 为 0.10
分别对应的纳米棒的数目为 300、450、470。整体来看，无论 b_1 值是大是小，
复合体系都经历了从海岛状结构向 L-T 结构再向 L-TO 结构的转变。

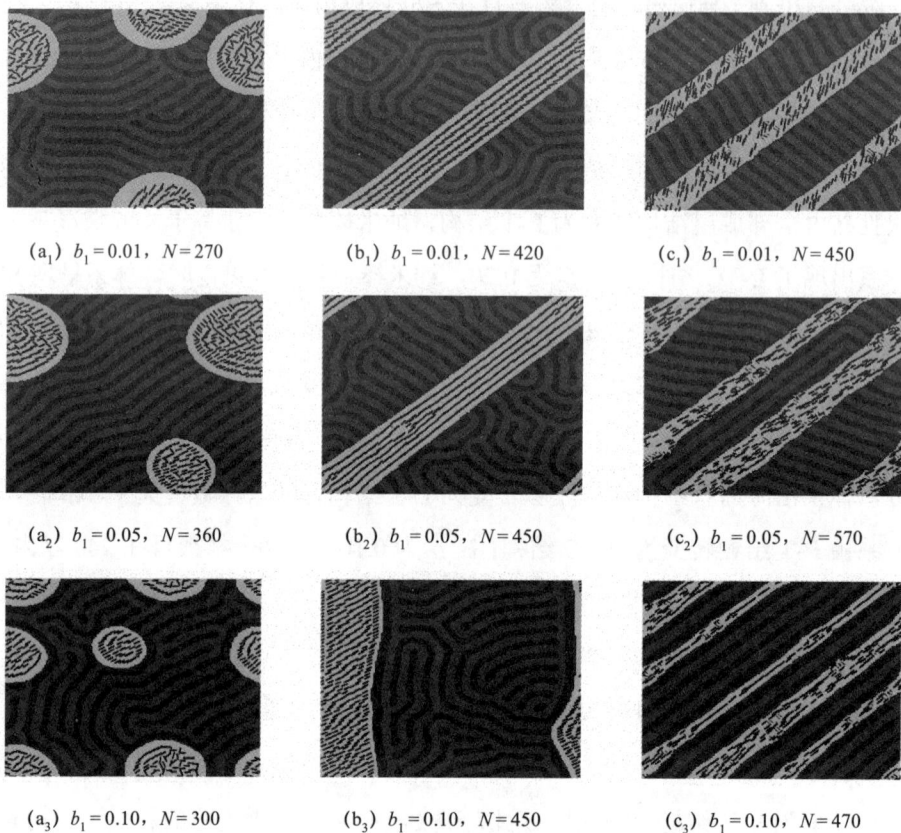

  （a_1）$b_1 = 0.01$，$N = 270$ （b_1）$b_1 = 0.01$，$N = 420$ （c_1）$b_1 = 0.01$，$N = 450$

  （a_2）$b_1 = 0.05$，$N = 360$ （b_2）$b_1 = 0.05$，$N = 450$ （c_2）$b_1 = 0.05$，$N = 570$

  （a_3）$b_1 = 0.10$，$N = 300$ （b_3）$b_1 = 0.10$，$N = 450$ （c_3）$b_1 = 0.10$，$N = 470$

图 3-1 $f_C = 0.25$，$f_A - f_B = 0.05$ 时，纳米棒/嵌段共聚物/均聚物混合体系在不同 b_1 下的相
   转变（A 相用灰色表示，B 相用深灰色表示，C 相用浅灰色表示）

  纵向分析图 3-1 可以发现，当纳米棒数目较少时，b_1 对复合体系的影响
比较小，三者区别不大，均呈现海岛状结构，纳米棒聚集在 C 域中，不同的
只是岛状 C 相与 AB 相的接触是垂直还是平行，如图 3-1（a_1）～图 3-1（a_3）所
示；随着纳米棒数目的增加，体系由海岛状结构转变为斜层状结构，区别在
于，当 $b_1 = 0.01$ 时，相界面处 AB 均垂直于 C 相，C 相与 A 相的接触面基本
等同于 C 相与 B 相的接触面。b_1 增大到 0.05 时，相界面处 AB 相大部分垂直

于 C 相，少部分向平行于 C 相的趋势发展。继续增大 b_1 至 0.10，可以发现相界面处 AB 相均平行于 C 相，如图 3-1（b_1）～图 3-1（b_3）所示；纳米棒数目增大到体系呈现出 L-TO 结构时，在 $b_1 = 0.01$ 时，由于均聚物 C 对嵌段共聚物 A 和 B 的斥力相差不大，所以 A 相和 B 相均垂直于 C 相，且 AB 相为交替的层状结构；随着 b_1 的增大，AB 相有的垂直于 C 相，有的平行于 C 相；当 b_1 增大到 0.1 时，C 对 B 的排斥作用较大，使 A、B 相呈现平行于 C 相的状态。

图 3-2（a）为不对称二嵌段共聚物/均聚物复合体系随纳米棒数目和不对称度变化的相图。图 3-2（b_1）～图 3-2（$b_{Ⅵ}$）分别展示了各符号所代表的相形貌图：（Ⅰ）为海岛 Ⅰ 结构，AB 相在岛内不成层，对应相图中"+"部分；（Ⅱ）为海岛 Ⅱ 结构，岛内 AB 相部分成层，纳米棒聚集在 C 畴中，对应相图中"▲"部分；（Ⅲ）为海岛 Ⅲ 结构，AB 相全部成层状，对应相图中"◆"部分；（Ⅳ）为斜层 Ⅰ 结构，AB 相部分相连，对应相图中"●"部分；（Ⅴ）为斜层 Ⅱ 结构，AB 相均成无规的层状结构，对应相图中"■"部分；（Ⅵ）为斜层 Ⅲ 结构，AB 相呈垂直于相界面（或 C 相）的交替层状结构，对应相图中"★"部分。

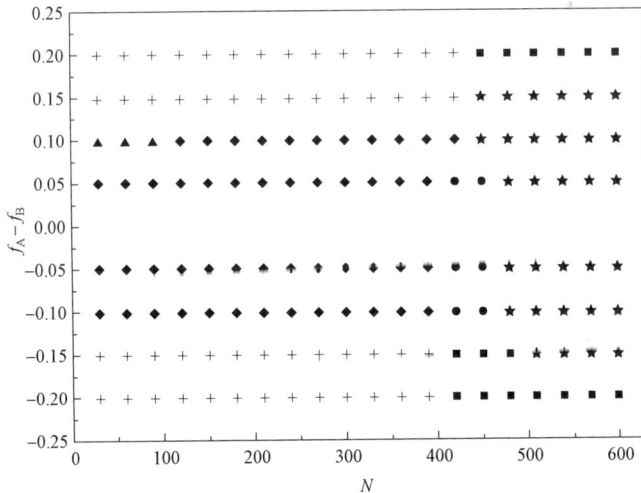

(a) 不对称二嵌段共聚物/均聚物复合体系随纳米棒数目和不对称度变化的相图

图 3-2　不对称二嵌段共聚物/均聚物复合体系随纳米棒数目和不对称度变化的相图
（纵坐标表示嵌段共聚物的不对称程度，A 相用灰色表示，B 相用深灰色表示，
C 相用浅灰色表示）

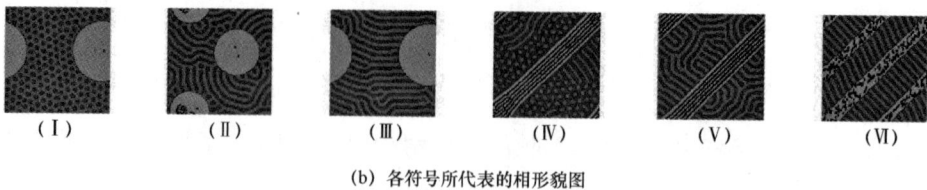

（Ⅰ）　　　　　（Ⅱ）　　　　　（Ⅲ）　　　　　（Ⅳ）　　　　　（Ⅴ）　　　　　（Ⅵ）

(b) 各符号所代表的相形貌图

图 3-2　不对称二嵌段共聚物/均聚物复合体系随纳米棒数目和不对称度变化的相图（续）
（纵坐标表示嵌段共聚物的不对称程度，A 相用灰色表示，B 相用深灰色表示，
C 相用浅灰色表示）

结果表明，对于 $|f_A-f_B|=0.20$ 的共混物体系，当纳米棒数目在 0～430 范围内时，体系可以自组装成海岛Ⅰ结构，如图 3-2（b$_{\text{Ⅰ}}$）所示；当纳米棒数目在 430～600 范围内可以观察到斜层Ⅱ结构，如图 3-2（b$_{\text{Ⅴ}}$）所示。减小不对称度 f_A-f_B 的值到 0.15，纳米棒数目从 0 增大至 600 时，复合体系的相形貌在纳米棒数目为 430 左右经历了从图 3-2（b$_{\text{Ⅰ}}$）的海岛Ⅰ结构向图 3-2（b$_{\text{Ⅵ}}$）的斜层Ⅲ结构的相转变；而不对称度 $f_A-f_B=-0.15$，纳米棒数目在 400 以内时，复合体系呈现海岛Ⅰ结构，如图 3-2（b$_{\text{Ⅰ}}$）所示，纳米棒数目大于等于 400 小于 500 时，复合体系由海岛Ⅰ结构转变为斜层Ⅱ结构，如图 3-2（b$_{\text{Ⅴ}}$）所示，当纳米棒数目在 500～600 是都可以结构，如图 3-2（b$_{\text{Ⅵ}}$）所示。当不对称度减小至 $f_A-f_B=0.10$ 时，纳米棒在 0～100 范围内，复合体系呈现海岛Ⅱ结构，如图 3-2（b$_{\text{Ⅱ}}$）所示，当纳米棒数目大于等于 100 小于 430 时，复合体系由海岛Ⅱ结构转变为海岛Ⅲ结构，如图 3-2（b$_{\text{Ⅲ}}$）所示，继续增大纳米棒数量，复合体系由海岛Ⅲ结构转变为斜层Ⅲ结构，如图 3-2（b$_{\text{Ⅵ}}$）所示；而当不对称度为 $f_A-f_B=-0.10$ 时，体系同样经历三种相转变，纳米棒数目 400 以内时，复合体系呈现海岛Ⅲ结构，如图 3-2（b$_{\text{Ⅲ}}$）所示，纳米棒数目在 400～450 范围内，复合体系由海岛Ⅲ结构转变为斜层Ⅰ结构，如图 3-2（b$_{\text{Ⅳ}}$）所示，继续增大纳米棒数目，复合体系再次由斜层Ⅰ结构转变为斜层Ⅲ结构，如图 3-2（b$_{\text{Ⅵ}}$）所示。对于 $|f_A-f_B|=0.05$ 的共混物体系，纳米棒数目在 400 以下时，复合体系呈现海岛Ⅲ结构，如图 3-2（b$_{\text{Ⅲ}}$）所示，当纳米棒数目在 400 到 460 范围内时，复合体系由海岛Ⅲ结构转变为斜层Ⅰ结构，如图 3-2（b$_{\text{Ⅳ}}$）所示，当纳米棒数目增加，直到 600 的范围内都可以观察到

斜层Ⅲ结构。

通过相图分析，可以知道当嵌段共聚物 A 和 B 组分相差较大时，少量纳米棒的自组装行为对复合体系的影响较小，大多数都自组装成海岛状结构，纳米棒聚集在 C 畴。随着纳米棒数量的增加，复合体系出现了较大的转变，此时纳米棒发挥作用，打破了岛状结构，转变为有序的层状结构。纳米棒均匀分散在 C 畴中，且与相界面形成一定的角度。可以这样解释：由于纳米棒与 C 相浸润，所有的纳米棒都出现在 C 畴中。当纳米棒的数目很少时，纳米棒之间的斥力非常弱，使得纳米棒在 C 畴中聚集。随着纳米棒数目的增加，排斥作用明显，因此纳米棒均匀分散在 C 畴中且与相界面形成一定角度。

3.3.2　其他参数对畴结构的影响

为了进一步研究不对称嵌段共聚物/均聚物/纳米棒混合体系的相行为，作者对纳米棒的棒长、浸润强度、棒与棒相互作用强度，以及长程关联项分别做了改变，探讨它们对聚合物复合体系相行为的影响。图 3-3 展示了当 $N = 460$ 时不同棒长下不对称二嵌段共聚物/均聚物/纳米棒共混体系的相行为，其中棒长分别为 1、2、4、7。从图中可以看出，当棒长很短时，复合体系呈现出海岛状结构，纳米棒聚集在岛内，如图 3-3（a）所示。随着纳米棒长度的增加，体系由海岛状结构转变为倾斜的层状结构，且在该层状结构中，A 相和 B 相交替成层，以近乎垂直于相界面的结构呈现，同时纳米棒均匀分散在 C 相中且与相界面形成一定角度，如图 3-3（b）所示。继续增加纳米棒的长度到 4，此时因为长度的增加，会导致刚才规整的层状结构略带缺陷，而纳米棒以近乎垂直于相界面的方式均匀分散在 C 相中，如图 3-3（c）所示。当纳米棒长度增加到一定程度时，棒与棒之间的相互作用远远超出了均聚物 C 与纳米棒的相互作用，因此纳米棒在 C 相中呈现混乱状态，但此时 AB 部分仍为规整的斜层状结构，如图 3-3（d）所示。

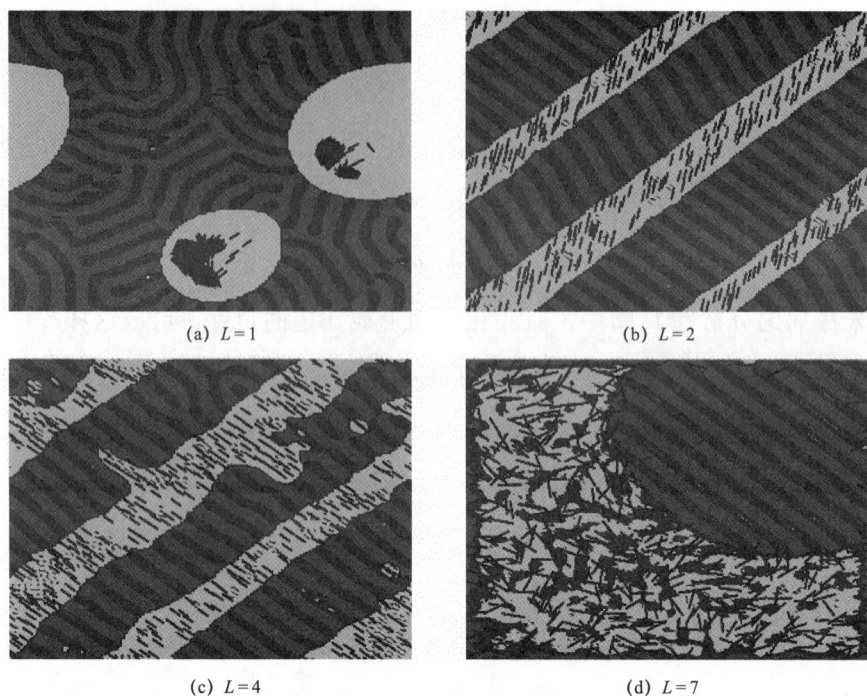

(a) $L=1$

(b) $L=2$

(c) $L=4$

(d) $L=7$

图 3-3　嵌段共聚物/均聚物/纳米棒混合体系在不同纳米棒长度下的相行为

在整个相转变的过程中，AB 相都以近乎垂直于相界面的方式呈现，也就意味着 A～C 的接触面与 A～B 的接触面几乎相等，即 C 对 A 的排斥与 C 对 B 的排斥作用相近，这也是对 $b_1=0.01$ 最好的体现。

此外，作者研究了纳米棒与聚合物的浸润相互作用强度对复合体系的影响，如图 3-4 所示。图 3-4 展示了当 $N=460$ 时不同浸润强度下不对称二嵌段共聚物/均聚物/纳米棒共混体系的相行为，其中，浸润强度分别为 0.04、0.06、0.08。当浸润强度为 0.04 时，体系呈现出海岛状结构，纳米棒聚集于 C 畴中，如图 3-4（a）所示。随着浸润强度的进一步增加，整体畴结构变化不大，依然为海岛状结构，但此时纳米棒在每一个呈岛状结构的 C 相中呈现各向异性的均匀分布，如图 3-4（b）所示。当浸润强度增加到 0.08 时，纳米棒与 C 相较强的相互作用对共混体系整体的相结构影响较大，转变为规整的斜层状结构。其中 AB 交替成层，以近乎垂直于相界面的方式呈现，如图 3-4（c）所示。

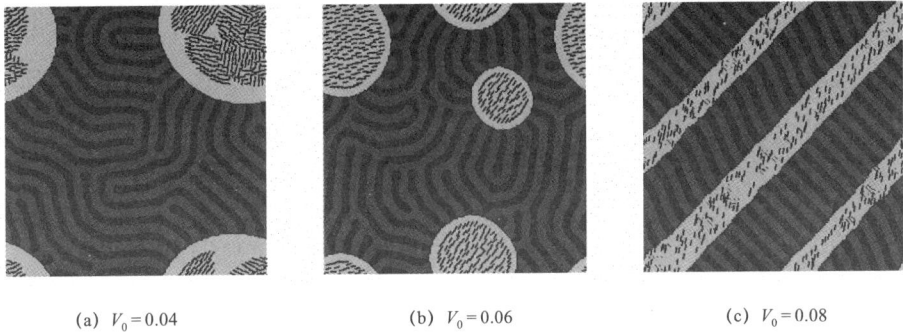

(a) $V_0 = 0.04$　　　　　(b) $V_0 = 0.06$　　　　　(c) $V_0 = 0.08$

图 3-4　不对称二嵌段共聚物与均聚物共混体系在纳米棒不同浸润强度下的相行为

　　除上述两个因素对复合体系的影响外，棒与棒之间的相互作用也起着重要的作用。图 3-5 展示了当 $N = 460$ 时，棒与棒之间相互作用的不同对不对称二嵌段共聚物/均聚物/纳米棒共混体系相行为的影响。其中，棒与棒之间的相互作用分别为 0.4、0.6、1.0。当纳米棒之间的相互作用较小时，可以观察到，相界面处的 AB 相均垂直于 C 且在该斜层状结构中，AB 相交替成层，以近乎垂直于相界面的结构呈现，同时纳米棒均匀分散在 C 相中且与相界面形成一定角度，如图 3-5（b）所示。继续增大纳米棒之间的相互作用至 1.0 时，体系又由 L-TO 结构转变为 L-T 结构，相界面处的 AB 相均垂直于 C 相，同时纳米棒均匀分散在 C 畴中且与相界面呈一定的角度，如图 3-5（c）所示。

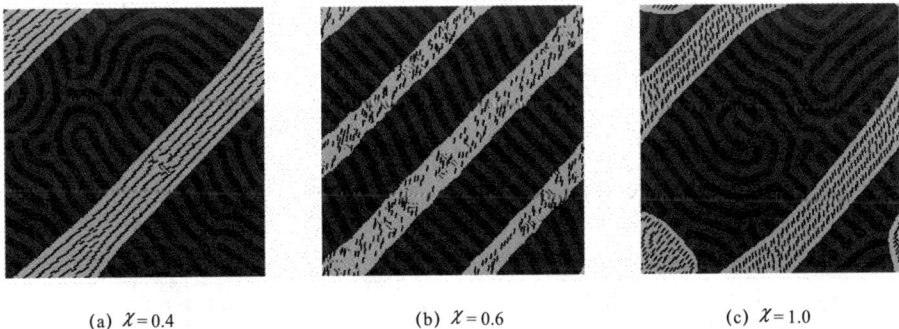

(a) $\chi = 0.4$　　　　　(b) $\chi = 0.6$　　　　　(c) $\chi = 1.0$

图 3-5　不对称二嵌段共聚物/均聚物/纳米棒共混体系在不同纳米棒相互作用下的相行为

　　接下来，作者研究了长程关联强度对混合体系相行为的影响。图 3-6 展示了当 $N = 460$ 时，不同长程关联强度下不对称二嵌段共聚物/均聚物/纳米棒共混体系的相行为，其中，长程关联强度分别为 0.000 1、0.002、0.02、0.04。长程关联强度与畴厚度成反比，当长程关联强度 α 为 0.000 1 时，明显看到 AB 相畴宽度很大，靠近相界面的 AB 相垂直于 C 相排列，同时纳米棒均匀分散在 C 畴中，如图 3-6（a）所示。当 α 增加到 0.002 时，畴厚度明显减小，同时 AB 相交替成层，以近乎垂直于相界面的结构呈现，纳米棒均匀分散在 C 相中，如图 3-6（b）所示。与图 3-6（a）不同的是，此时的 ABC 整体由原先的平行转变为垂直。当 α 增大到 0.02 时，畴厚度减小，且复合体系呈现 L-TO 结构，同时 AB 相交替成层，以近乎垂直于相界面的结构呈现，纳米棒均匀分散在 C 相中，且与相界面形成一定的角度，如图 3-6（c）所示。继续增大 α 至 0.04 时，畴厚度继续减小，复合体系整体呈斜层状结构，且 AB 相交替成层，垂直于相界面，同时部分纳米棒以纳米线结构呈现，如图 3-6（d）所示。

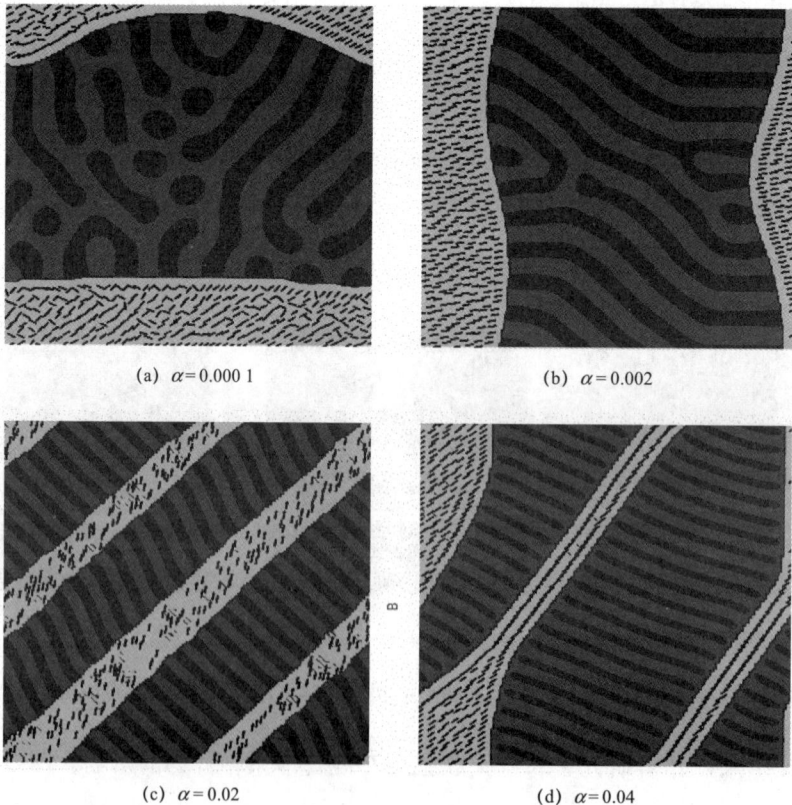

(a) $\alpha = 0.000\ 1$

(b) $\alpha = 0.002$

(c) $\alpha = 0.02$

(d) $\alpha = 0.04$

图 3-6 不对称二嵌段共聚物/均聚物/纳米棒共混体系在不同长程相关强度下的相行为

　　同时，作者还探究了纳米棒长度为 2 时不同数目纳米棒的角度分布。图 3-7（a）、图 3-7（b）、图 3-7（c）分别对应图 3-1（a$_1$）、图 3-1（b$_1$）、图 3-1（c$_1$），纳米棒数目分别为 270、420、450。图中，横坐标表示角度，角度指纳米棒的长轴与水平方向之间的夹角。在图 3-7（a）中，可以看到几乎所有棒的取向都在 0～200 之间，此时纳米棒的角度分布是随机的，对应于

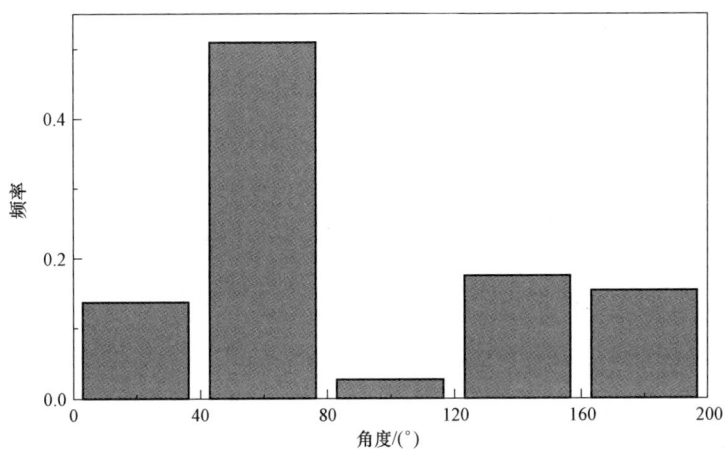

(a) $L=2$, $N=270$

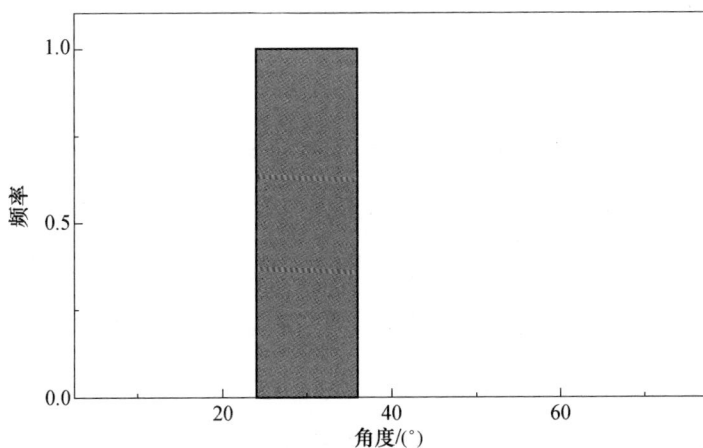

(b) $L=2$, $N=420$

图 3-7　不同数目的纳米棒在棒长为 2 的情况下的角度分布图

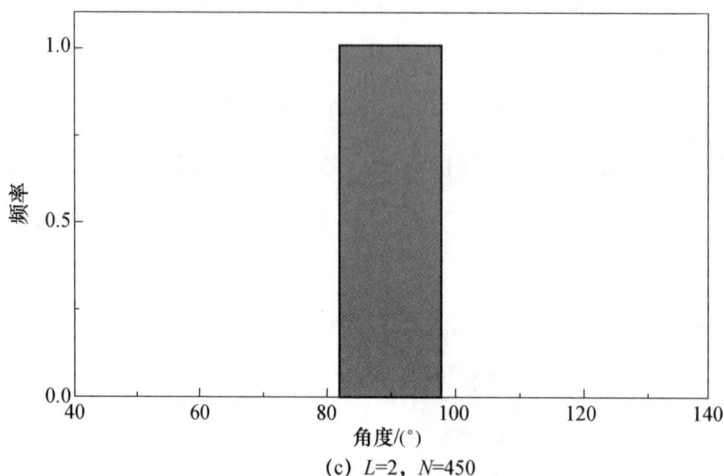

(c) $L=2$, $N=450$

图 3-7　不同数目的纳米棒在棒长为 2 的情况下的角度分布图（续）

图 3-1（a_1）。这表明纳米棒在海岛状结构中是随机排布，各向同性的。图 3-7（b）中纳米棒的角度分布在 20～30 左右。而图 3-7（c）中纳米棒的角度分布均在 80～100 之间。从图 3-7（b）和图 3-7（c）可以看出，纳米棒在层状结构中呈方向性分布，且呈各向异性。

3.3.3　不同组分比下纳米棒对复合体系的影响

最后，作者研究了在 $f_C=0.75$，$f_A-f_B=-0.05$，$b_1=0.10$ 时，不对称二嵌段共聚物/均聚物/纳米棒混合体系的相行为，如图 3-8 所示。结果表明，在不掺杂纳米棒的情况下，ABC 整体为海岛状结构，AB 相在其中呈同心圆环结构，如图 3-8（a）所示。掺杂 210 个纳米棒后，其中的 AB 相分散成无数个小的同心圆环，且纳米棒随机分散在 C 畴中，如图 3-8（b）所示。继续增加纳米棒的数量至 660 时，多个小的同心圆环结构聚集成一个大的同心圆环结构，且纳米棒围绕在同心环周围，如图 3-8（c）所示。

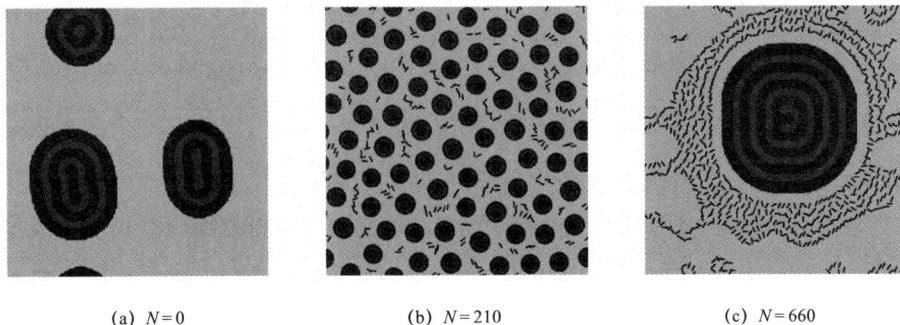

(a) $N=0$　　　　　(b) $N=210$　　　　　(c) $N=660$

图 3-8　$f_C=0.75$，$f_A-f_B=-0.05$ 时，纳米棒数目对不对称二嵌段共聚物/均聚物/
纳米棒复合体系的影响

3.4　本章小结

作者通过掺杂纳米棒的方式对嵌段共聚物和均聚物的共混体系进行了调控。详细讨论了不对称嵌段共聚物中 AB 组分比，均聚物 C 的浓度，以及纳米棒数量、长度、浸润强度、相互作用以及长程关联强度对复合体系自组装相行为的影响。

结果表明，在不对称度为 $f_A-f_B=0.05$ 情况下，改变均聚物 C 的浓度，随着纳米棒数目的增加，得到了四种形貌图（SI-R 结构、SI 结构、L-T 结构、L-TO 结构）。在 $f_C=0.25$ 时，随着纳米棒数目以及 AB 组分比的改变，体系出现了一系列丰富的相形貌。通过相图分析，得知当嵌段共聚物 A 和 R 组分相差较大时，少量纳米棒的自组装行为对复合体系的影响较小，大多数都自组装成海岛状结构，纳米棒聚集在 C 畴。随着纳米棒数量的增加，复合体系出现了较大的转变，此时纳米棒发挥作用，打破了岛状结构，转变为有序的层状结构。

在此基础上，作者对纳米棒的长度，浸润强度、棒与棒的相互作用以及长程关联强度这些参数进行了改变。经分析，发现随着纳米棒长度的增加，体系出现海岛状结构到斜层状结构再到无序结构的相转变，同时纳米棒由最初的聚集在岛内再到分散开，最后因他们之间的相互作用远远超出了 C 组分与棒的相互作用从而导致纳米棒在 C 畴中呈现混乱状态。浸润强度由小变大，体系发生了从 L-T 结构向 L-TO 结构再到 L-T 结构的相转变，纳米棒由最初的聚集转变为在 C 相中呈现各向异性排列。随着相互作用的增大，复合体系由 L-T 结构转变为 L-TO 结构再转变为 L-T 结构，AB 相由部分垂直于相界面到全部垂直于相界面再到部分垂直于相界面，纳米棒均匀分散在 C 畴中且与相界面成一定的角度。长程关联强度从小到大，AB 相畴厚度由宽变窄。后续，作者改变均聚物 C 的浓度为 0.75、$f_A - f_B = -0.05$，发现复合体系中 AB 相经历了从最初的同心圆环分散成多个大小均匀的小的同心圆环再全部聚集成一个大的同心圆环的相转变过程。

本章的模拟为有序纳米结构的制备提供了理论指导，减少了实验次数，也为聚合物纳米复合材料的性能提供了良好的参考。

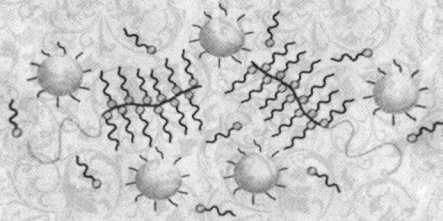

第4章 外场诱导下两种两嵌段
共聚物混合体系的自组装行为

4.1 引 言

近几十年来，嵌段共聚物因其在纳米尺度上可生成各种神奇的自组装结构及其在纳米科技、微电子以及清洁能源等方面的应用而受到广泛关注。除了其新颖的结构之外，嵌段共聚物有序结构的形成及有序相转变对于新功能材料的开发也意义非凡。如若将均聚物或是另一种不同的嵌段共聚物掺杂入其中，则可形成多尺度的分级结构，且在丰富体系结构形态的同时还可优化其功能。

现在，对于给嵌段共聚物掺杂均聚物或者是掺杂另一种不同嵌段共聚物的理论研究非常多，研究的方法既有唯象方法，又有数值模拟，它们给出了许多与实验相符合的结果，同时预测了一些新的结构和性质。Martinez 等用粒子模型和自洽场理论研究了嵌段共聚物和均聚物有序双连续相的稳定性。刘冬梅等用蒙特卡罗方法研究了两嵌段共聚物增容剂 AB 的链长及浓度对不相容性均聚物 A/B 共混体系界面性质的影响。Xie 等人用自洽场理论研究了AB 嵌段共聚物/A 均聚物共混物复杂球形堆积相的形成及相对稳定性。此外，实验上也有很多研究者对掺杂均聚物的嵌段共聚物做了探讨。2014 年，Habersberger 等人研究了一系列对称嵌段共聚物/均聚物的相行为，并用动态机械光谱，小角度 X-射线衍射和光传输测量等方法表征了它从片层状结构到无序结构的相转变。2016 年，同课题组的 Robert 等人探讨了盐掺杂的嵌段共聚物/均聚物混合体系结构与电导率的关系。2022 年，Zheng 等人还研究了部分带电两嵌段共聚物与均聚物三元混合物的自组装行为，使用小角度 X-射线散射系统的研究了其相行为并得到了 120 ℃下的等温相图。而对两种两嵌段共聚物的体系，Wang 等人通过两嵌段共聚物共混物的协同共组装得到了具有复杂结构和形态的球形和圆柱形的分隔胶束，其共组装方法结合了聚合物共混和不相容诱导相分离的优点。Su 等人通过小角 X 射线散射和透射电镜观察到了嵌段共聚物 PS-b-PVBA 和均聚物 PVBT 的自组装结构。樊娟娟等人采用自洽场方法研究了具有对称结构的 AB/CD 两嵌段共聚物共混体系在两种嵌段共聚物含量相同情况下的自组装。通过改变 BD 间的相互作用，得到了在不同空间尺度上的两种层状结构和只能在非对称结构才能得到的核壳结构。Sun 等人给两个两嵌段共聚物体系掺杂了少量受周期性外场驱动的粒子，发现在外加电场粒子的驱动下，随着电场频率的不断增大，体系的微观畴由无序的各向同性转变为平行于外场方向的有序的条纹结构，随着电场强度的进一步增大，这种有序的条纹结构被打破，又变成无序的条纹状，当电场强度增大到一定值时，微观相畴的结构变为垂直于电场方向的有序的条纹结构，实现了有序结构的反转。Pan 等人则将两种两嵌段共聚物置于了平板受限下，系统的探究了板间距、板的吸附性能以及体系内部相互作用等因素对共混体系相行为的影响。

通常，为了得到复合材料各种自组装结构，了解如何调整有序结构的取向，如何更简单、更方便、更快速地获得取向序的转变变得尤为重要。一般调控纳米结构的手段主要有衬底诱发、空间受限、施加外场等，这些均能使本体结构变得更加新奇有序。大量研究已经证明，施加外场是调控聚合物纳米复合材料行之有效的方法之一。振荡剪切场的作用可以使体系产生各种新奇有序的结构并实现结构之间的转变和有效调控。而在实验上确定某些形态的形成往往是非常烦琐的，所以需要计算机模拟对实验提供更有效的指导。本书将通过计算机模拟研究振荡剪切场作用下两种不同嵌段共聚物混合体系的自组装行为，从而获得调控体系有序结构形成和转变的有效途径。

4.2　理论模型与计算方法

作者分析了振荡剪切场诱导下的两种两嵌段共聚物的自组装相行为。其中，AB 嵌段共聚物是由 A 组分和 B 组分组成，CD 嵌段共聚物是由 C 组分和 D 组分组成。A 与 B 之间存在短程的相互作用，C 与 D 之间也存在短程的相互作用。在模拟过程中，本书将忽视水动力学效应，除了作用小以外，它的作用在相分离后期才会体现。

为了方便描述系统，需要定义几个参数。由于本书选用的是两种对称的两嵌段共聚物，所以链段 A 的聚合度与链段 B 相等，链段 C 和链段 D 的聚合度也是一样的，即 $N_A = N_B$，$N_C = N_D$。本书把 $\phi_A(x,y)$、$\phi_B(x,y)$、$\phi_C(x,y)$ 和 $\phi_D(x,y)$ 分别定义为单体 A、B、C、D 的浓度。在不可压缩条件下，总浓度 $\phi_A(x,y) + \phi_B(x,y) + \phi_C(x,y) + \phi_D(x,y)$ 为常数，令 $\psi(x,y) = \phi_A(x,y) + \phi_B(x,y)$，$\phi(x,y) = \phi_A(x,y) - \phi_B(x,y)$，$\xi(x,y) = \phi_C(x,y) - \phi_D(x,y)$。因此 $\psi(x,y)$、$\phi(x,y)$、$\xi(x,y)$ 三个序参量都是独立变量。$\psi(x,y)$ 表示的是两种不同嵌段共聚物的相分离参数，而 $\phi(x,y)$、$\xi(x,y)$ 则表示 A 单体和 B 单体、C 单体和 D 单体的局域浓度差。

下面用三参量模型来描述体系的自由能，系统的函数自由能为：

$$F = F_l - F_s \tag{4.1}$$

长程部分关联项 F_l：

$$\begin{aligned}
F_l = &\frac{\alpha}{2} \iint \mathrm{d}\boldsymbol{r}\mathrm{d}\boldsymbol{r}' G(\boldsymbol{r},\boldsymbol{r}')[\phi(\boldsymbol{r}) - \phi_0][\phi(\boldsymbol{r}') - \phi_0] + \\
&\frac{\beta}{2} \iint \mathrm{d}\boldsymbol{r}\mathrm{d}\boldsymbol{r}' G(\boldsymbol{r},\boldsymbol{r}')[\xi(\boldsymbol{r}) - \xi_0][\xi(\boldsymbol{r}') - \xi_0]
\end{aligned} \tag{4.2}$$

其中，α、β 为两个固定常数，指长程相互作用强度。$G(\boldsymbol{r},\boldsymbol{r}')$ 为格林函数，满足方程 $-\nabla^2 G(\boldsymbol{r},\boldsymbol{r}') = \delta_1(\boldsymbol{r} - \boldsymbol{r}')$，$\phi_0$ 和 ξ_0 是浓度 ϕ 和 ξ 的空间平均。前面提到，本书中的两个两嵌段共聚物均为对称的，那么 $\phi_0 = 0$、$\xi_0 = 0$。短程关联项 F_s 比长程关联项 F_l 更加复杂，它表示如下：

$$F_s = \iint \mathrm{dx}\mathrm{dy}\left[\frac{d_1}{2}(\nabla\psi)^2 + \frac{d_2}{2}(\nabla\phi)^2 + \frac{d_3}{2}(\nabla\xi)^2 + f_1(\psi,\phi,\xi)\right]$$

$$(4.3)$$

其中，d_1、d_2 和 d_3 分别是指表面张力强度。局域相互作用项 $f_1(\psi,\phi,\xi)$ 可以用 $f_1(\eta,\phi,\xi)$ 来代替表示体系的基本相互作用。在本书中可以将 η 表示为 $\eta = \psi - \psi_c$，这里，ψ_c 是指临界状态下两种不同的嵌段共聚物在宏观相分离时的体积分数。

为了进一步了解其相互作用，本书通过唯象方法对 $f_1(\psi,\phi,\xi)$ 进行傅里叶展开：

$$f_1(\eta,\phi,\xi) = v_1(\eta) + v_2(\phi) + v_3(\xi) + b_1\eta\phi - b_{11}\eta\xi - \frac{b_2\eta(\phi)^2}{2} + \frac{b_{22}\eta\phi(\xi)^2}{2}$$

$$(4.4)$$

在对称的情况下，$b_1 = (-\chi_{AC} - \chi_{AD} + \chi_{BC} + \chi_{BD})/4$，$b_{11} = (-\chi_{AC} + \chi_{AD} - \chi_{BC} + \chi_{BD})/4$。在模型中，B 单体和 D 单体之间的排斥是最大的，换句话说，$\chi_{BD} > \chi_{BC}$、$\chi_{BD} > \chi_{AD}$、$\chi_{BD} > \chi_{AC}$，而 χ_{BC} 的值接近 χ_{AC} 的值，仅略大于 χ_{AC} 且 $\chi_{AD} \gg \chi_{BC}$。一般来说 b_1、b_{11} 以及 b_2 和 b_{22} 均为正数。这里，b_1、b_{11} 表示聚合物单体之间的短程吸引作用，因 B 和 D 之间的排斥作用很大，故 b_1 和 b_{11} 均大于 0。而 b_2 和 b_{22} 则是 AB 嵌段共聚物与 CD 嵌段共聚物之间的构象熵产生的，且观察共聚物的微观相分离依靠的是这两项。事实上，b_2 表示 $\phi(x,y)$ 的绝对值较大时更容易亲和 $\eta(x,y) > 0$ 的区域；那么 b_{22} 则表示 $\xi(x,y)$ 的绝对值较大时，更容易亲和 $\eta(x,y) < 0$ 的区域。方程（4.4）描述了一个在本书的体系中短程部分自由能最小的模型。在自由能函数中，相互竞争作用导致了两个两嵌段混合体系的相分离。

根据三参量模型，相分离的动力学方程可以用扩散外场与外速度场耦合的 TDGL 方程来描述：

$$\frac{\partial\eta}{\partial t} + v \cdot \nabla\eta = M_\eta \nabla^2 \frac{\delta F}{\delta\eta}$$

$$(4.5)$$

$$\frac{\partial\phi}{\partial t} + v \cdot \nabla\phi = M_\phi \nabla^2 \frac{\delta F}{\delta\phi}$$

$$(4.6)$$

$$\frac{\partial \xi}{\partial t}+v \cdot \nabla \xi=M_{\xi} \nabla^{2} \frac{\delta F}{\delta \xi} \tag{4.7}$$

其中，M_{η}、M_{ϕ} 和 M_{ξ} 指流动系数。v 为流体的速度场。

为方便起见，可将振荡剪切速率表述为：

$$v=(\gamma \omega y \cos (\omega t), 0) \tag{4.8}$$

其中，γ 代表剪切振幅，ω 代表剪切频率。我们将振荡剪切场的方向设在 x 方向上，y 方向上的剪切速率为 0。

本书参考 Onon 和 Puri 等人提出的元胞动力学方法（CDS）来进行两个不同的两嵌段共聚物混合体系的计算机模拟。采用二维模型，将体系设定在 $L_x \times L_y$（128×128）的格子中离散化，将各个元胞的序参量定义为 $\eta(n,t)$、$\phi(n,t)$，其中 $n=(n_x+n_y)$ 表示的是每个格点的位置，n_x 和 n_y 是 1 到 L 之间的整数。Laplacian 算子在元胞动力学方法中近似表示为：

$$\nabla^{2} \phi(n)=\ll \phi(n) \gg-\phi(n), \tag{4.9}$$

这里 $\ll \phi(n) \gg$ 表示的是 $\phi(n)$ 的近邻（$n.$），次近邻（$n..$）：

$$\ll \phi(n) \gg=\frac{1}{6} \sum_{n=n.} \phi(r)+\frac{1}{12} \sum_{n=nn.} \phi(r) \tag{4.10}$$

在 128×128 格子中，本书把时间步长 Δt 设为 1，Δx、Δy 同样设置为 1。离散化后，公式（4.5）～公式（4.7）转变成如下的形式：

$$\begin{aligned} \eta(r,t+\Delta t)=\eta(r,t)&-\frac{1}{2} \gamma \sin (\omega t)[\eta(x+1,y,t)-\eta(x-1,y,t)] \\ &+M_{\eta}(\ll I_{\eta} \gg-I_{\eta}) \end{aligned} \tag{4.11}$$

$$\begin{aligned} \phi(r,t+\Delta t)=\phi(r,t)&-\frac{1}{2} \gamma \sin (\omega t)[\phi(x+1,y,t)-\phi(x-1,y,t)] \\ &+M_{\phi}(\ll I_{\phi} \gg-I_{\phi}-\alpha \phi(r,t)) \end{aligned} \tag{4.12}$$

$$\begin{aligned} \xi(r,t+\Delta t)=\xi(r,t)&-\frac{1}{2} \gamma \sin (\omega t)[\xi(x+1,y,t)-\xi(x-1,y,t)] \\ &+M_{\xi}(\ll I_{\xi} \gg-I_{\xi}-\beta \xi(r,t)) \end{aligned} \tag{4.13}$$

其中：

$$I_\eta = -d_1(\ll \eta \gg -\eta) - A_\eta \tanh\eta + \eta + b_1\phi - b_{11}\xi - \frac{1}{2}b_2\phi^2 + \frac{1}{2}b_{22}\xi^2$$

（4.14）

$$I_\phi = -d_2(\ll \phi \gg -\phi) - A_\phi \tanh\phi + \phi + b_1\eta - b_2\eta\phi \qquad （4.15）$$

$$I_\xi = -d_3()\ll \xi \gg -\xi - A_\xi \tanh\xi + \xi - b_1\eta + b_{22}\eta\xi \qquad （4.16）$$

在 x 方向的振荡剪切方向，本书采用剪切周期边界条件，如下所示：

$$\phi(n_x,n_y,t) = \phi[n_x + N_xL + \gamma(t)N_yL, n_y + N_yL] \qquad （4.17）$$

这里，N_x、N_y 为任意的整数，$\gamma_0(t)$ 为剪切应变且 $\gamma_0(t) = \gamma\sin(\omega t)$。参数选取如下：$d_1 = 1.0$、$d_2 = 0.5$、$d_3 = 0.5$、$b_1 = 0.008$、$b_2 = 0.2$、$b_{11} = 0.1$ 和 $M_\eta = M_\phi = M_\xi = 1$，且 η，ϕ 和 ξ 的分布范围为[-0.01，0.01]。在目前的工作中，由 $\alpha = 0.04$、$\beta = 0.03$ 及公式 $\alpha = 12/[N^2 f_b(1-f_b)]$ 得出 $N_A = N_B = 17$、$N_C = N_D = 20$，其中，$N_{AB} = N_A + N_B$、$N_{CD} = N_C + N_D$。本书中的参数均是无量纲量。

4.3　计算结果与讨论

4.3.1　振荡剪切场诱导的微观相转变

首先，在组分比 $f_{AB/CD} = 7/3$ 时，固定振荡剪切场的振幅 $\gamma = 0.02$，改变其频率，观察两种不同共聚物随剪切频率所出现的微观相转变，如图 4-1 所示。在图中，本书设定 A 相为白色，B 相为黑色，C 相为浅灰色，D 相为深灰色。为了更好地表达，认为 $\phi > 0$ 为 A 相占据主要地位，相反，$\phi < 0$ 时，认为 B 相占据主要地位；同样，$\xi > 0$ 时，认为 C 相占据主要地位，相反，$\xi < 0$，认为 D 相占据主要地位。

在图 4-1 中，沿 x 轴施加振荡剪切场。剪切频率很小，当其为 0.000 000 1 时，CD 相呈同心环结构，而除了包裹着 CD 相的少量 AB 为同心圆环外，其他所有 AB 相均呈现斜层状结构。即在剪切频率较小时，振荡剪切场对体系畴结构的影响微乎其微，几乎可以忽略，此时它呈现的结果与不加振荡剪切场时的相形貌大致相同，如图 4-1（a）所示。剪切频率增加到 0.000 01 时，振荡剪切开始起作用，此时系统的微相分离明显受到干扰，AB 相在 x 方向的粗粒化程度明显增强，CD 相仍呈同心圆环结构，如图 4-1（b）所示。继续增加剪切频率至 0.000 02，此时，剪切频率适中，AB 相几乎全部平行于振荡场方向，呈平行层状结构，而 CD 相由原先的同心圆环结构转变为环内沿场方向的平行层状结构，如图 4-1（c）所示。再次增大剪切频率至 0.000 04 时，AB 相回到最初的斜层状结构，CD 相为沿场方向拉伸的倾斜同心圆环结构，如图 4-1（d）所示。当剪切频率大幅增加到 0.48 时，CD 相呈沿场方向的平行层状结构，AB 相呈 L-TO 结构，如图 4-1（e）所示。继续增大剪切频率至 0.66 时，CD 相不变，而 AB 相转变为完全垂直于场方向的垂直层状结构，形成 AB 相（垂直层）和 CD 相（平行层）相互垂直的层状结构，如图 4-1（f）所示。总的来说，在振荡剪切频率逐渐增大的过程中，CD 微观相从最初的同心圆环结构逐渐转变为平行层状结构，AB 微观相经历了从斜层状结构到平行层状结构再到垂直层状结构的转变。

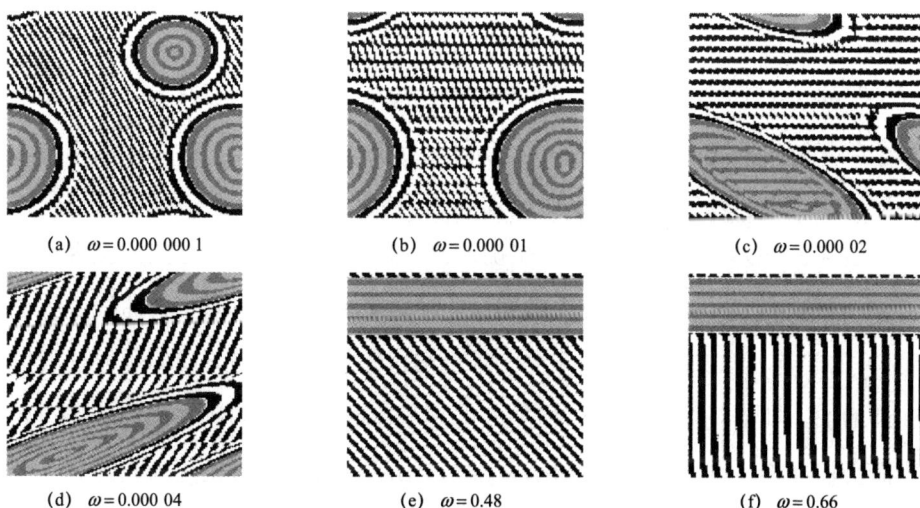

(a) $\omega = 0.000\,000\,1$　　　(b) $\omega = 0.000\,01$　　　(c) $\omega = 0.000\,02$

(d) $\omega = 0.000\,04$　　　(e) $\omega = 0.48$　　　(f) $\omega = 0.66$

图 4-1　128 × 128 二维格子下，$f_{AB/CD} = 7/3$，$t = 3\,000\,000$，$\gamma = 0.02$ 时，两种两嵌段共聚物混合体系随振荡剪切频率变化的畴形貌（白色代表 A 相，黑色代表 B 相，浅灰色代表 C 相，深灰色代表 D 相）

对于这一结果，可以作如下解释：剪切频率较小时，振荡场对体系畴结构的影响很小，可忽略。逐渐增加剪切频率，会加强共混物整体在 x 方向上的粗粒化程度，遂在合适的频率 0.000 02 时，除包裹 CD 的同心环外，AB 相也好，环内的 CD 相也好，几乎全部呈沿场方向的平行层状结构。继续增加剪切频率，在快速的周期性振荡剪切作用下，共混体系反而会相互推挤向 y 方向粗粒化。但在组分比 $f_{AB/CD} = 7/3$ 的情况下，占比较大的 AB 组分反而受振荡剪切场的影响较大，导致它很容易在垂直于场的方向上堆积，出现垂直层状结构。而 CD 相因之前一直在环内包裹，遂在较大剪切频率下会冲破环的包裹，形成完全沿场方向的平行层状结构。

为了验证上述微观相转变，本书做了 AB 嵌段共聚物在不同剪切频率下的畴尺寸随时间变化的双对数图，如图 4-2 所示。

分别计算了畴尺寸 $R_i(t)$（$i = x$ or y）的 x 和 y 分量，通过结构因子 $S(k, t)$ 的一阶导数可以得到畴结构 $R_i(t)$：

$$R_i(t) = 2\pi / \langle k_i(t) \rangle \tag{4.18}$$

其中：

$$\langle k_i(t) \rangle = \int \mathrm{d}k k_i S(k,t) / \mathrm{d}k S(k,t) \tag{4.19}$$

实际上，空间浓度分布的 Fourier 分量决定了结构因子 $S(k,t)$。图 4-2 展示了微观畴尺寸 $R_i(t)$ 沿 x 方向和 y 方向上分量的双对数图，所有的结果是在十次计算结果的基础上做的平均。

图 4-2（a）可以清晰看到，平衡态时 AB 微观相畴沿 x 方向的微观畴尺寸 Rx 随剪切频率的增加呈现先增加（曲线 a 至曲线 c）再减小（曲线 d 到曲线 f）的趋势。意味着剪切频率增大时，AB 微观相畴沿场方向的粗粒化程度逐渐增加，即沿场方向生长。增加到一定程度时，因剪切频率太快，AB 相反而会相互推挤向 y 方向粗粒化，此时，沿场方向的粗粒化逐渐被抑制。继续增加剪切频率，AB 微观相畴向垂直于场方向的粗粒化程度越来越明显，直到完全垂直于场方向生长。相反的，从图 4-2（b）中可以看到，平衡态

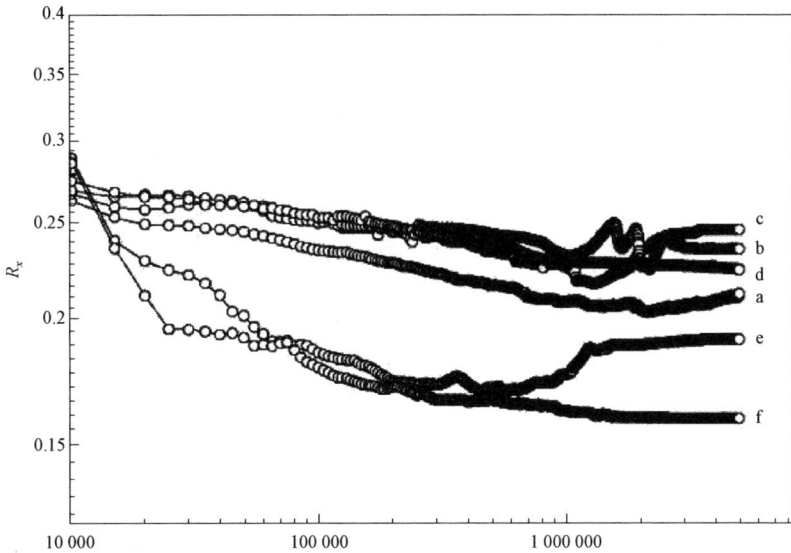

(a) 沿 x 轴方向的畴尺寸 $R_x(t)$

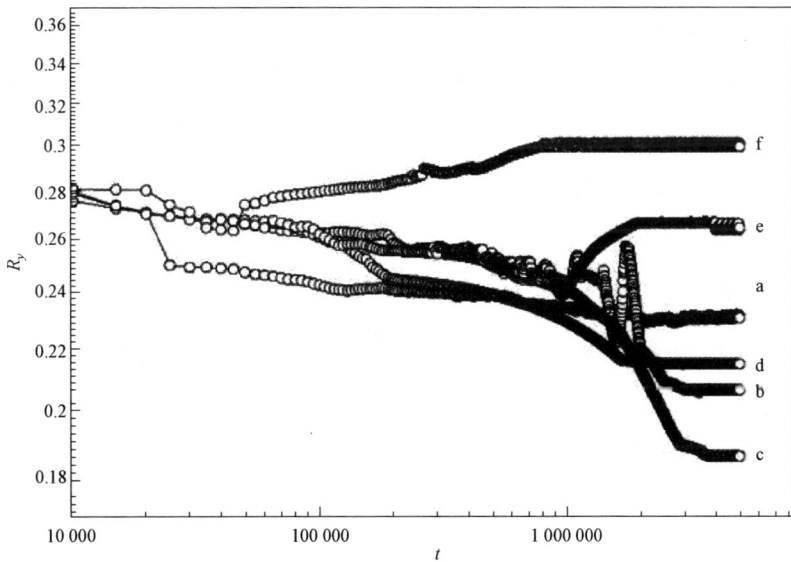

(b) 沿 y 轴方向的畴尺寸图 $R_y(t)$

图 4-2　$f_{AB/CD}=7/3$，$\gamma=0.02$ 时，AB 嵌段共聚物在不同剪切频率下的畴尺寸的双对数图（曲线 a，$\omega=0.000\,000\,1$；曲线 b，$\omega=0.000\,01$；曲线 c，$\omega=0.000\,02$；曲线 d，$\omega=0.000\,04$；曲线 e，$\omega=0.48$；曲线 f，$\omega=0.66$）

时 AB 微观相畴沿 y 方向的微观畴尺寸 Ry 随剪切频率的增加呈现先减小（曲线 a 至曲线 c）再增加（曲线 d 到曲线 f）的趋势。同样说明了，在所施加的振荡剪切场达到一定程度后，占比较大的 AB 相会逐渐沿着垂直于振荡场方向粗粒化，但这种粗粒化在振荡剪切场较小时是被抑制的。总的来说，体系在最开始的时候，受振荡剪切场影响较小，微观畴结构的生长也比较缓慢，在中间阶段微观相畴变化较为明显，即其生长过程主要发生在相分离的中间阶段。另结合生长曲线图也可以看出，最终得到的畴结构是非常稳定的。

4.3.2 形貌演化过程

为了更加准确的了解在较强振荡剪切场下形成 AB 相（垂直层）和 CD 相（平行层）相互垂直的层状结构，对频率为 $\omega = 0.66$ 时聚合物体系畴结构随时间的演化以及它们沿 x 轴和 y 轴方向畴尺寸的生长曲线做了探讨。

图 4-3 表示的是 $\omega = 0.66$ 时，聚合物体系的畴结构随时间的形貌演化图。可以看到，在演化过程中，宏观相分离的同时伴随着微观相分离。在早期阶段，$t = 250\,000$ 时，相分离不是很明显；当 $t = 500\,000$ 时，在宏观相分离的同时出现了明显的微观相分离，此时的 AB 相除了 CD 相周围的少部分外，其余全部交替成层且呈斜层状结构，与场方向有一定的角度，CD 相在环内为无序结构；随着时间的演化，$t = 2\,000\,000$ 时，AB 相在之前斜层的基础上更加规整，且有向垂直于场方向生长的趋势，而 CD 相此时已完全平行于振荡剪场，形成平行层状结构；最后阶段，$t = 3\,000\,000$ 时，AB 相完全垂直于场方向生长，最终形成 AB 相（垂直层）和 CD 相（平行层）相互垂直的层状结构。

同时，本书对该结构中处于垂直层的 AB 相和平行层的 CD 相在 x 和 y 方向上的畴尺寸随时间的演化做了探讨，如图 4-4 所示。其中，图 4-4（a）表示的是 AB 相畴尺寸随时间的双对数图，与图 4-1（f）黑白区域对应；图 4-4（b）表示的是 CD 相畴尺寸随时间的双对数图，与图 4-1（f）深灰浅灰区域

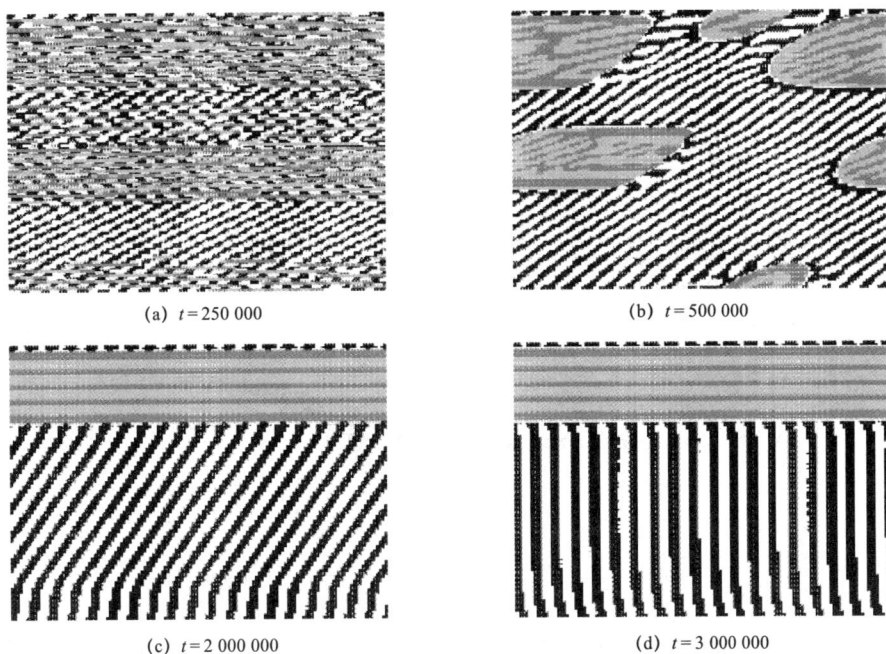

(a) $t = 250\ 000$

(b) $t = 500\ 000$

(c) $t = 2\ 000\ 000$

(d) $t = 3\ 000\ 000$

图 4-3　$f_{AB/CD} = 7/3$，$\gamma = 0.02$，$\omega = 0.66$ 时，两种两嵌段共聚物的
混合体系随时间的形貌演化图

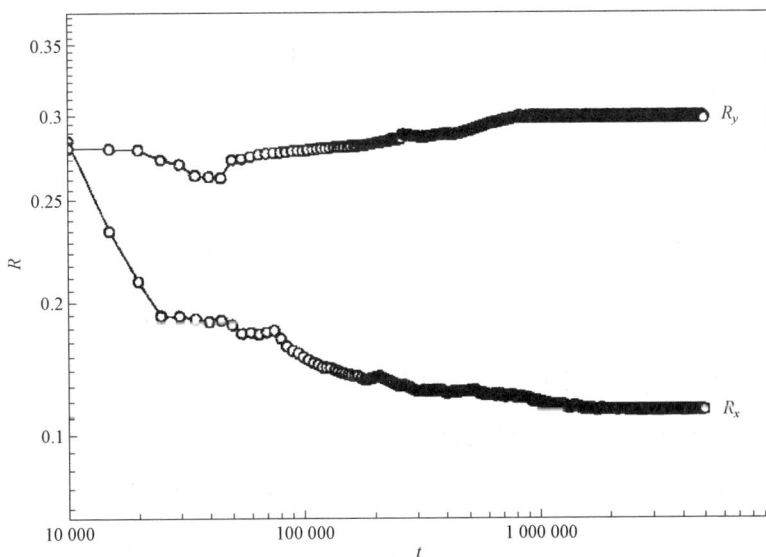

(a) $f_{AB/CD} = 7/3$，$\gamma = 0.02$，$\omega = 0.66$，$b_{22} = 0.2$时，AB相在 x 方向和 y 方向上的畴尺寸$R_i(t)$ ($i = x$ or y)
对时间的双对数图

图 4-4　$f_{AB/CD} = 7/3$，$\gamma = 0.02$，$\omega = 0.66$，$b_{22} = 0.2$ 时，AB 相和 CD 相在
x 方向和 y 方向上的畴尺寸 R_i（t）（$i = x$ or y）对时间的双对数图

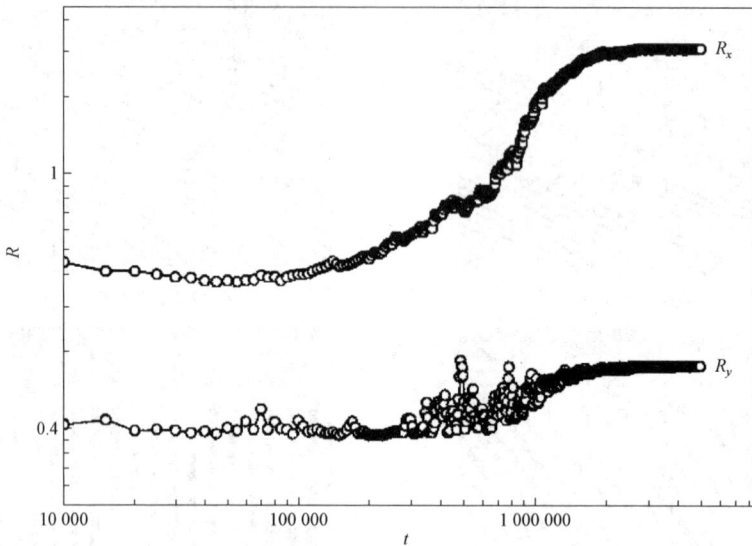

(b) $f_{AB/CD}$=7/3，γ=0.02，ω=0.66，b_{22}=0.2时，CD相在 x 方向和 y 方向上的畴尺寸$R_i(t)$（i=x or y）
对时间的双对数图

图 4-4　$f_{AB/CD}$=7/3，γ=0.02，ω=0.66，b_{22}=0.2 时，AB 相和 CD 相在
x 方向和 y 方向上的畴尺寸 R_i（t）（i=x or y）对时间的双对数图（续）

对应。结果表明，在图 4-4（a）中 R_y>R_x，说明 AB 相畴结构在 y 方向的畴
尺寸远远大于在 x 方向的畴尺寸，验证了图 4-3（d）中 AB 相的垂直层状结
构。而在图 4-4（b）中 R_x>R_y，说明 CD 相畴结构在 x 方向的畴尺寸远远大
于在 y 方向的畴尺寸，同样验证了图 4-3（d）中 CD 相的平行层状结构。

4.3.3　其他参数对畴结构的影响

图 4-5 是在 $f_{AB/CD}$=7/3，γ=0.02，ω=0.000 02 下，探究复合体系随 b_{22}
变化的自组装结构。结果表明，在整个变化过程中，AB 相都呈平行层状结
构几乎不变，而 CD 相在 b_{22} 很大时为同心圆环结构，如图 4-5（f）所示；减
小 b_{22} 到 0.16，甚至是 0.14 时，环内的 CD 相转换为少部分环形，大部分为沿场
方向的平行层状结构，如图 4-5（d）和图 4-5（e）所示；继续减小 b_{22} 到 0.1，
0.01 时，CD 的微观相分离程度减弱，如图 4-5（b）和图 4-5（c）所示；但
当 b_{22} 很小为 0.001 时，CD 相环内结构消失。实际上，b_{22} 表示的就是 CD 相
微观相分离的程度，当其值很小时，便不会再发生微观相分离。

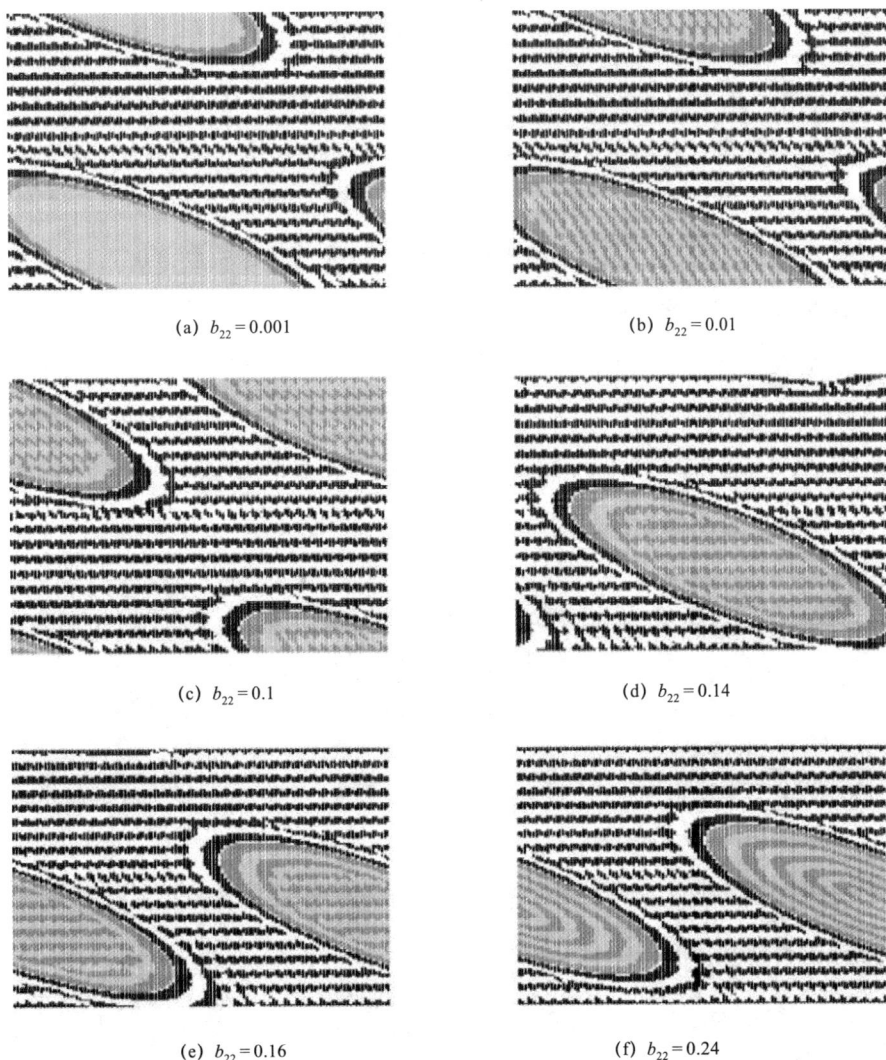

(a) $b_{22} = 0.001$

(b) $b_{22} = 0.01$

(c) $b_{22} = 0.1$

(d) $b_{22} = 0.14$

(e) $b_{22} = 0.16$

(f) $b_{22} = 0.24$

图 4-5　在 $f_{AB/CD} = 7/3$，$\gamma = 0.02$，$\omega = 0.000\ 02$ 下，不同 b_{22} 对复合体系中
CD 畴结构相行为的影响

4.3.4　不同组分比下振荡剪切场对复合体系的影响

为了研究两种不同共聚物的浓度对自组装结构的影响，本书改变了 AB
和 CD 两种嵌段共聚物的初始浓度，将组分比改变为 $f_{AB/CD} = 35/65$，则会发
现在不同振荡剪切场下复合体系的自组装结构会完全不一样。图 4-6 为在该

组分比下，固定剪切频率为 $\omega = 0.000\,01$，随剪切振幅增大复合体系的微观相转变。结果发现，由于此时 AB 组分较小，所以被包裹在环内的由原先的 CD 相转变为 AB 相，且宏观相界面无论是 AB 相还是 CD 相都为环状结构。振幅较小时，远离相界面处 AB 相交替成层，为斜层状结构，而 CD 相呈双连续结构，如图 4-6（a）和图 4-6（b）所示；增大剪切振幅到 0.022 时，环内的 AB 相有逐渐沿场方向有序化的趋势，如图 4-6（c）所示；随着振荡场的进一步增大，到一定程度时，复合体系除了宏观相界面的环状以外，AB 和 CD 相的其余部分全部沿 x 方向粗粒化，形成了有序的平行层状结构，如图 4-6（d）所示；当振幅增大到 0.1 甚至 0.6 时，平行的层状结构被打乱，整个体系呈现一种向 y 方向倾斜的状态，如图 4-6（e）和图 4-6（f）所示。

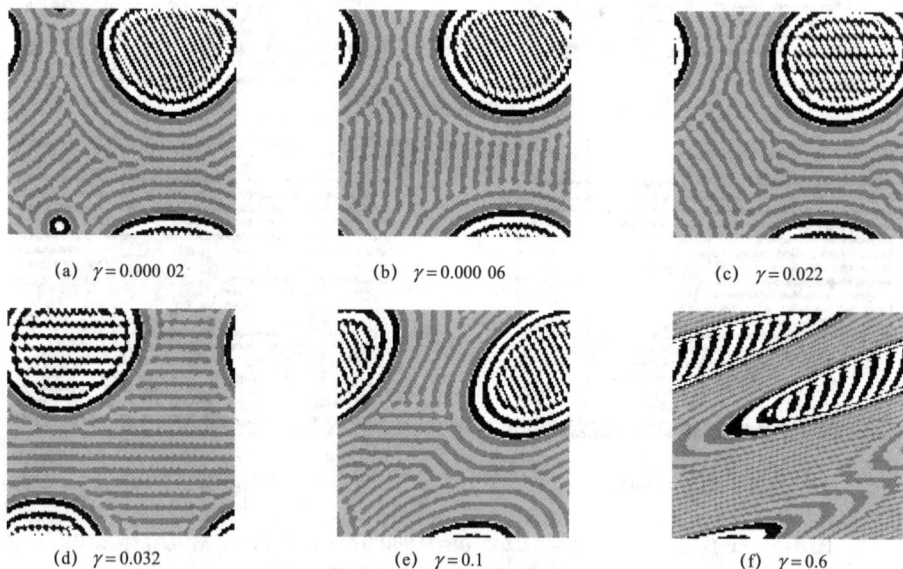

(a) $\gamma = 0.000\,02$　　　　(b) $\gamma = 0.000\,06$　　　　(c) $\gamma = 0.022$

(d) $\gamma = 0.032$　　　　(e) $\gamma = 0.1$　　　　(f) $\gamma = 0.6$

图 4-6　128×128 二维格子下，$f_{AB/CD} = 35/65$，$t = 3\,000\,000$，$\omega = 0.000\,01$，$b_{22} = 0.2$ 时，两种不同嵌段共聚物随剪切振幅变化的畴形貌

对于上述结果，可以解释为，在剪切振幅很小的时候，剪切场对复合体系畴结构的影响很小，甚至可以忽略不计，此时，它呈现出来的是与不加剪切场时基本相同的相形貌。剪切振幅增加，振荡场开始起作用，系统的相分离明显受到扰动，整个体系都有向 x 方向粗粒化的趋势，增大到一定程度就

会完全平行于场，呈现规整的平行层状结构。继续增大剪切振幅时，因振幅太大，会让复合体系在垂直于场方向上有所堆积，导致整个体系呈现出一种向 y 方向倾斜的状态。

为了进一步了解 AB 相和 CD 相在环内外规整平行层的形成过程，对该畴结构随时间的演化进行了探讨，并分析了 CD 相沿 x 和 y 轴的生长曲线，如图 4-7 和图 4-8 所示。

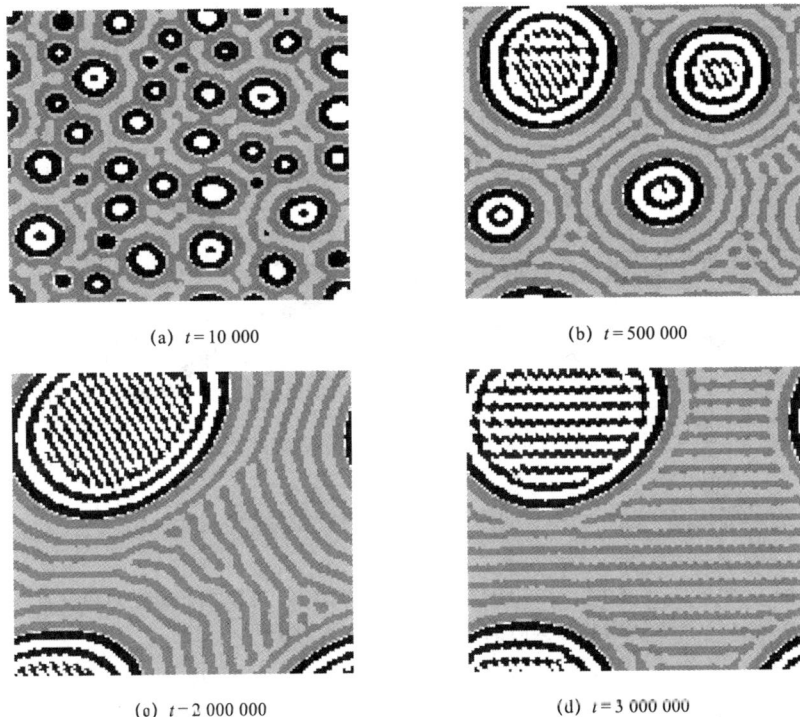

(a) $t = 10\ 000$　　　　　　　(b) $t = 500\ 000$

(c) $t = 2\ 000\ 000$　　　　　　(d) $t = 3\ 000\ 000$

图 4-7　在 $f_{AB/CD} = 35/65$，$\gamma = 0.032$，$\omega = 0.000\ 01$ 时，复合体系随时间的形貌演化图

图 4-7 展示了两种不同的聚合物在 $f_{AB/CD} = 35/65$，$\omega = 0.000\ 01$，$\gamma = 0.032$ 时的形貌化图。在时间步长 t 为 10 000 时，本书发现体系的相分离并不是很明显，宏观相分离首先发生，如图 4-7（a）所示。随着时间的演化，在宏观相分离的同时，微观相分离也开始进行。此时，AB 相环内成层，CD 相呈双连续的层状结构，如图 4-7（b）和图 4-7（c）所示。时间演化到一定程度在

$t=3\,000\,000$ 时，复合体系在宏观上为各向异性，除宏观相界面的环状外，呈现出稳定有序的平行层状结构。

图 4-8 展示了 $f_{AB/CD}=35/65$，$\omega=0.000\,01$，$\gamma=0.032$ 条件下，CD 相畴尺寸随时间演化的双对数图。在图中，$R_x>R_y$，说明 CD 微观相结构沿 x 方向的畴尺寸远大于沿 y 方向的畴尺寸，同图 4-6（d）中所对应的平行层状结构完全一致。

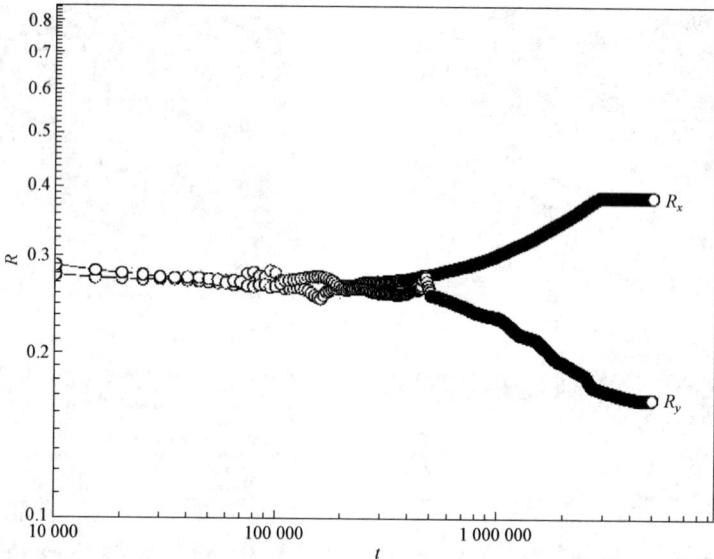

图 4-8　当 $f_{AB/CD}=35/65$，$\gamma=0.032$，$\omega=0.000\,01$ 时，CD 相在 x 方向和 y 方向上微观相分离时的畴生长尺寸随时间的双对数图

4.4　本章小结

作者采用元胞动力学方法研究两种不同的嵌段共聚物在振荡剪切场诱导下的自组装行为。结果发现，在外加振荡剪切场的诱导下，复合体系在发生宏观相分离的同时伴随有相应的微观相分离。固定其剪切振幅，在剪切频率较小时对其相结构影响不大，随着剪切频率的逐渐增加，AB 微观相经历了从斜层状结构到平行层状结构，最后在剪切频率很大时的垂直层状结构；而

CD 相则实现了从最初同心圆环到环内平行层再到平行层状结构的相转变，所以在频率很大时体系会形成 AB 相（垂直层）和 CD 相（平行层）相互垂直的层状结构。对于这一结构可以理解为，剪切频率的增加会加速微观畴沿场方向的粗粒化，但频率太大时共混体系反而会相互推挤到垂直于场的方向。占比较大的 AB 组分受剪切频率的影响较大，导致它很容易在垂直于场方向上堆积，出现垂直层状结构；而占比较小的 CD 相因之前一直在环内包裹，遂在较大剪切频率下会冲破环的包裹，形成完全沿场方向的平行层状结构。为验证其微观相转变，作者对其中 AB 嵌段共聚物在不同剪切频率下畴尺寸的动力学演化做了探讨，与前面的相转变完全一致。而对于复合体系 AB、CD 相互垂直层状结构的形成，也探讨了其形貌演化及畴生长的动力学演化。最后还通过改变 b_{22} 发现，当其值很小时，CD 相变不会再发生微相分离。

与此同时，还通过改变两种不同嵌段共聚物的组分比探讨浓度对自组装结构的影响。在 AB 组分变小时，被包裹在环内的由原先的 CD 相转变为 AB 相，且宏观相界面无论是 AB 相还是 CD 相都为环状结构。随着振荡剪切场的增加，整个体系都有向 x 方向粗粒化的趋势，直到除了宏观相界面的环状以外，AB 和 CD 相全部沿场方向平行，呈现出规整的平行层状结构。但振荡场继续增大时，会让复合体系在垂直于场方向上有所堆积，导致整个体系呈现出一种向 y 方向倾斜的状态。

本章的研究结果对实验上有序结构的形成及转变有一定的指导意义，对新材料的合成及新结构的发现特别是纳米材料的设计都有借鉴作用。

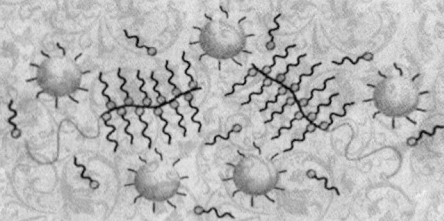

第 5 章　总结与展望

5.1　总　结

本书介绍了聚合物纳米复合材料自组装和相分离研究的基本概念和基本理论，并详细地介绍了在不同调控手段下多组分聚合物的相行为。其中包括不同性质纳米棒诱导下的非对称嵌段共聚物，单一纳米棒诱导下的不对称嵌段共聚物/均聚物复合体系，以及外场诱导下两种两嵌段共聚物复合体系的相转变及其自组装行为。具体总结如下：

（1）对于不同性质纳米棒诱导下非对称嵌段共聚物的自组装，聚合物体系会随纳米棒数目及浸润 A 相棒长的不同出现如海岛状（SI）、海岛-层状（SI-L）、层状（L）等不同的相结构。且单浸润纳米棒或双亲棒都会使聚合物体系随纳米棒的增加发生从 SI 到 L 的相转变。然而，当浸润 A 相棒长较小时，随着纳米棒数目的增加，体系更容易转变为层状结构。值得一提的是，当纳米棒数目为 240 时，通过增加浸润 A 相棒长，聚合物体系会从斜层状结构转变为平行层状、垂直层状，最后转变为海岛状结构。对于这种相转变，作者进一步分析了畴尺寸的动力学演化过程，并对平行层状结构和垂直层状结构的形貌演化过程和畴生长曲线进行了探讨。此外，当纳米棒的浸润强度以及嵌段共聚物的聚合度较小，棒-棒相互作用和纳米棒的棒长较大时，聚合物体系更容易形成规整的斜层状结构。这一研究结果为如何在纳米尺度上得到有序的相结构，以及如何提高聚合物纳米复合材料的功能性提供了有益的指导。

（2）通过掺杂纳米棒的方式对嵌段共聚物和均聚物的共混体系的相行为进行了调控。固定嵌段共聚物 AB 的不对称度 $f_A - f_B = 0.05$，随着均聚物 C 的浓度和纳米棒数目的变化，得到了四种形貌图：SI-R、SI、L-T、L-TO。$f_C = 0.25$，当嵌段共聚物 A 和 B 组分相差较大时，少量纳米棒的自组装行为对复合体系的影响较小，大多数都自组装成海岛状结构，纳米棒聚集在 C 畴。随着纳米棒数量的增加，复合体系出现了较大的转变，此时纳米棒发挥作用，打破了岛状结构，转变为有序的层状结构。另外，纳米棒棒长、浸润强度、棒与棒的相互作用以及长程关联强度等都会影响复合体系的自组装结构。随着纳米棒长度的增加，体系会发生从海岛状结构到斜层状结构再到无序结构的相转变，同时纳米棒由最初的聚集在岛内再到分散开，最后因它们之间的相互作用远远超出了 C 组分与棒的相互作用而导致纳米棒在 C 畴中呈现混乱状态。浸润强度由小变大时，体系发生了从 L-T 结构向 L-TO 结构再到 L-T 结构的相转变，纳米棒由最初的聚集转变为在 C 相中呈现各向异性排列。棒-棒相互作用逐渐增大，复合体系由 L-T 结构转变为 L-TO 结构再转变为 L-T 结构，AB 相由部分垂直于相界面到全部垂直于相界面再到部分垂直于相界面，纳米棒均匀分散在 C 畴中且与相界面成一定的角度。长程关联强度从小到大时，AB 相畴厚度由宽变窄。后续，改变均聚物 C 的浓度为 0.75，$f_A - f_B = -0.05$ 时，发现复合体系中 AB 相经历了从最初的同心圆环分散成多个大小均匀且较小的同心圆环再全部聚集成一个大的同心圆环的相转变过程。

（3）通过施加振荡剪切场的方式对两种两嵌段共聚物共混体系的相行为进行了调控。组分比为 $f_{AB/CD} = 7/3$，剪切振幅为 $\gamma = 0.02$ 时，逐渐增大剪切频率，CD 微观相经历了从最初的同心圆环结构到环内呈平行层状结构再回到同心圆环结构再到最后平行层状结构的相转变，AB 微观相经历了从斜层状结构到平行层状结构再到垂直层状结构的相转变。对 AB 嵌段在不同振荡剪切频率下畴尺寸及其形貌演化过程的分析进一步验证了上述相转变。改变两种两嵌段共聚物的组分比发现，随剪切频率和剪切振幅的变化会发生完全不同的微观相转变。该研究结果对实验上有序结构的形成及微观相转变有一定的指导意义，对新材料的合成及新结构的发现特别是纳米材料的设计都有借鉴作用。

5.2 展 望

在现有工作的基础上，拟开展有关补丁纳米粒子聚合诱导自组装相关的工作。

聚合物接枝纳米颗粒在复合材料等领域被广泛应用，因此对聚合物接枝纳米粒子的制备及形成有序结构的调控至关重要。实验中聚合物接枝纳米颗粒的制备和自组装通常是协同进行的，其本质是纳米粒子表面接枝链增长所引发的聚合诱导自组装（Polymerization-Induced Self-Assembly，PISA）过程。明确自组装过程的动力学演化及内在的主控因素，对调控该非平衡态自组装结构和材料性能十分关键。后续拟采用粗粒化聚合反应模拟方法，构建补丁纳米粒子聚合诱导自组装体系的粗粒化模型，分析在该 PISA 过程中单体扩散与聚合的协同竞争关系，揭示自组装过程的主控因素，阐明自组装如何受粒子表面接枝链聚合反应的影响，明晰组装过程的动力学转变路径，进一步揭示亲疏溶剂单体数、粒子数、引发剂位点密度、接枝链长等因素对补丁纳米粒子自组装结构的影响，为实验和工业上定向设计性能优异的聚合物纳米复合材料提供有力的理论指导。

参考文献

一、英文文献

[1] Ahuja T，Kumar D. Recent progress in the development of nano-structured conducting polymers/nanocomposites for sensor applications [J]. Sensors And Actuators B：Chemical，2009，136（1）：275-286.

[2] Amornpitoksuk P，Suwanboon S，Sangkanu S，et al. Synthesis，characterization，photocatalytic and antibacterial activities of Ag-doped ZnO powders modified with a diblock copolymer [J]. Powder Technol，2012，219：158-164.

[3] Amundson K，Helfand E，Quan X，et al. Alignment of lamellar block copolymer microstructure in an electric field. 1. Alignment kinetics [J]. Macromolecules，1993，26（11）：2698-2703.

[4] Bahiana M，Oono Y. Cell dynamical system approach to block copolymers [J]. Physical Review A，1990，41（12）：6763-6771.

[5] Bates C M，Bates F S. 50th Anniversary perspective：Block polymers-pure potential [J]. Macromolecules，2017，50（1）：3-22.

[6] Bates F S，Fredrickson G H. Block copolymer thermodynamics：Theory and experiment [J]. Annual Review of Physical Chemistrym，1990，41（1）：525-557.

[7] Bates F S，Schulz M F，Khandpur A K，et al. Fluctuations，conformational asymmetry and block copolymer phase behaviour [J]. Faraday Discuss，1994，98：7-18.

［8］ Bates F S. Polymer-polymer phase behavior［J］. Science，1991，251（4996）：898-905.

［9］ Bockstaller M R，Lapetnikov Y，Margel S，et al. Size-selective organization of enthalpic compatibilized nanocrystals in ternary block copolymer/particle mixtures［J］. Journal of the American Chemical Society，2003，125（18）：5276-5277.

［10］ Borthakur M P，Nath B，Biswas G. Dynamics of a compound droplet under the combined influence of electric field and shear flow［J］. Physical Review Fluids，2021，6（2）：23603.

［11］ Chakrabarti A，Gunton J D. Lamellar phase in a model for block copolymers［J］. Physical Review E，1993，47（2）：R792.

［12］ Chakraborty S，Roy S. Structure of nanorod assembly in the gyroid phase of diblock copolymer［J］. Journal of Physical Chemistry B，2015，119（22）：6803-6812.

［13］ Chao H，Lindsay B J，Riggleman R A. Field-theoretic simulations of the distribution of nanorods in diblock copolymer thin films［J］. Journal of Physical Chemistry B，2017，121（49）：11198-11209.

［14］ Chen D，Doi M. Simulation of aggregating colloids in shear flow Ⅱ［J］. The Journal of Chemical Physics，1989，91（4）：2656-2663.

［15］ Chen K，Ma Y Q. Ordering stripe structures of nanoscale rods in diblock copolymer scaffolds［J］. The Journal of Chemical Physics，2002，116（18）：7783-7786.

［16］ Chen K，Ma Y Q. Self-assembling morphology induced by nanoscale rods in a phase-separating mixture［J］. Physical Review E，2002，65（4）：41501.

［17］ Chen Y，Xu Q，Jin Y，et al. Shear-induced parallel and transverse alignments of cylinders in thin films of diblock copolymers [J]. Soft Matter, 2018, 14 (32): 6635-6647.

[18] Chremos A, Chaikin P M, Register R A, et al. Shear-induced alignment of lamellae in thin films of diblock copolymers[J]. Soft Matter, 2012, 8(30): 7803-7811.

[19] Corberi F, Gonnella G, Lamura A. Phase separation of binary mixtures in shear flow: A numerical study [J]. Physical Review E, 2000, 62 (6): 8064-8070.

[20] Correa D M A, Pérez J J, Sánchez I A, et al. Aligning Au nanorods by using carbon nanotubes as templates [J]. Angwandte Chemie International Edition, 2005, 44 (28): 4375-4378.

[21] de Gennes P G. Scaling Concepts in Polymer Physics [M]. Ithaca: Cornell University Press, 1979.

[22] Deshmukh R D, Liu Y, Composto R J. Two-dimensional confinement of nanorods in block copolymer domains [J]. Nano Letters, 2007, 7 (12): 3662-3668.

[23] Dessi R, Pinna M, Zvelindovsky A V. Cell Dynamics simulations of cylinder-forming diblock copolymers in thin films on topographical and chemically patterned substrates [J]. Macromolecules, 2013, 46 (5): 1923-1931.

[24] Diaz J, Pinna M, Zvelindovsky A V, et al. Block copolymer-nanorod co-assembly in thin films: Effects of rod-rod interaction and confinement [J]. Macromolecules, 2020, 53 (8): 3234-3249.

[25] Diaz J, Pinna M, Zvelindovsky A V, et al. Nanoparticle anisotropy induces sphere-to-cylinder phase transition in block copolymer melts [J]. Soft Matter, 2022, 18 (19): 3638-3643.

［26］ Diaz J, Pinna M, Zvelindovsky A V, et al. Nematic ordering of anisotropic nanoparticles in block copolymers ［J］. Advanced Theory and Simulations, 2022, 5（1）: 2100433.

［27］ Doi M, Chen D. Simulation of aggregating colloids in shear flow ［J］. The Journal of Chemical Physics, 1989, 90（10）: 5271-5279.

［28］ Elabd Y A, Hickner M A. Block copolymers for fuel cells ［J］. Macromolecules, 2011, 44（1）: 1-11.

［29］ Fava D, Nie Z, Winnik M A, et al. Evolution of self-assembled structures of polymer-terminated gold nanorods in selective solvents ［J］. Advanced Materials, 2008, 20（22）: 4318-4322.

［30］ Fischer H. Polymer nanocomposites: From fundamental research to specific applications ［J］. Mater. Sci. Eng. C, 2003, 23（6-8）: 763-772.

［31］ Frenkel D. Entropy-driven phase transition［J］ Physica A, 1999, 263（1-4）: 26-38.

［32］ Frischknecht A L, Hore M J A, Ford J, et al. Dispersion of polymer-grafted nanorods in homopolymer films: Theory and experiment ［J］. Macromolecules, 2013, 46（7）: 2856-2869.

［33］ Gao Y Y, Liu J, Shen J X, et al. Molecular dynamics simulation of dispersion and aggregation kinetics of nanorods in polymer nanocomposites ［J］. Polymer, 2014, 55（5）: 1273-1281.

［34］ Gardner M. Mathematical games［J］. Scientific American, 1971, 244（2）: 112-116.

［35］ Geng X, Pan J, Zhang J, et al. Phase transition of a diblock copolymer and homopolymer hybrid system induced by different properties of nanorods ［J］. Chinese Physics B, 2018, 27（5）: 58102.

［36］ Ghezelbash A, Koo B, Korgel B A. Self-assembled stripe patterns of CdS nanorods ［J］. Nano Letters, 2006, 6（8）: 1832-1836.

［37］ Ginzburg V V，Peng G，Qiu F，et al. Kinetic model of phase separation in binary mixtures with hard mobile impurities［J］. Physical Review E，1999，60：4352.

［38］ Ginzburg V V，Qiu F，Paniconi M，et al. Simulation of hard particles in a phase-separating binary mixture［J］. Physical Review Letters，1999，82（20）：4026.

［39］ Ginzburg V V. Simulation of hard particles in a phase-separating binary mixture［J］. Physical Review Letters，1999，82（20）：4026.

［40］ Grassia P，Hinch E J. Computer simulations of polymer chain relaxation via Brownian motion［J］. J. Fluid Mech，1996，308：255-288.

［41］ Green P F. The structure of chain end-grafted nanoparticle/homopolymer nanocomposites［J］. Soft Matter，2011，7（18）：7914-7926.

［42］ Gu W，Huh J，Hong S W，et al. Correction to self-assembly of symmetric brush diblock copolymers［J］. American Chemical Society Nano，2015，9（7）：7729-7729.

［43］ Guo Y Q，Pan J X，Sun M N，et al. Phase transition of a symmetric diblock copolymer induced by nanorods with different surface chemistry［J］. The Journal of Chemical Physics，2017，146（2）：24902.

［44］ Guo Y Q，Pan J X，Zhang J J，et al. Cylindrically confined assembly of diblock copolymer under oscillatory shear flow［J］. Condensed Matter Physics，2016，19（3）：33601.

［45］ Guo Y Q. Phase transition of asymmetric diblock copolymer induced by nanorods of different properties［J］. Chinese Physics B，2021，30（4）：48301.

［46］ Guo Y，Zhang J，Wang B，et al. Microphase transitions of block copolymer/homopolymer under shear flow［J］. Condensed Matter Physics，2015，18（2）：23801.

［47］ Gupta S，Zhang Q，Emrick T，et al. Entropy-driven segregation of nanoparticles to cracks in multilayered composite polymer structures ［J］. Nature Materials，2006，5（3）：229-233.

［48］ Gurovich E. Copolymers under a monomer orienting field ［J］. Macromolecules，1994，27（24）：7063-7066.

［49］ Habersberger B M，Gillard T M，Hickey R J，et al. Fluctuation effects in symmetric diblock copolymer-homopolymer ternary mixtures near the lamellar-disorder transition［J］. American Chemical Society Macro Letters，2014，3（10）：1041-1045.

［50］ Halevi A，Halivni S，Oded M，et al. Co-assembly of A-B diblock copolymers with B'-type nanoparticles in thin films：Effect of copolymer composition and nanoparticle shape ［J］. Macromolecules，2014，47（9）：3022-3032.

［51］ He L L，Zhang L X，Chem H P，et al. The phase behaviors of cylindrical diblock copolymers and rigid nanorods' mixtures ［J］. Polymer，2009，50（14）：3403-3410.

［52］ He L L，Zhang L X，Liang H J. Mono-or bidisperse nanorods mixtures in diblock copolymers ［J］. Polymer，2010，51（14）：3303-3314.

［53］ He L L，Zhang L X，Xia A，et al. Effect of nanorods on the mesophase structure of diblock copolymers ［J］. The Journal of Chemical Physics，2009，130（14）：144907.

［54］ Helfrich W Z. Elastic properties of lipid bilayers：Theory and possible experiments ［J］. Z Naturforsch C，1973，28（11-12）：693-703.

［55］ Hickey R J，Gillard T M，Lodge T P，et al. Influence ofcomposition fluctuations on the linear viscoelastic properties of symmetric diblock copolymers near the order-disorder transition ［J］. American Chemical Society Macro Letters，2015，4（2）：260-265.

［56］Hu K，Kulkarni D D，Choi I，et al. Graphene-polymer nanocomposites for structural and functional applications ［J］. Progress in Polymer Science，2014，39（11）：1934-1972.

［57］Huang C H，Zhu Y Y，Man X K. Block copolymer thin films ［J］. Physics Reports-review Section of Physics Letters，2021，932：1-36.

［58］Huang X Y，Jiang P K. Core-shell structured high-k polymer nanocomposites for energy storage and dielectric applications ［J］. Advanced Materials，2015，27（3）：546-554.

［59］Huang X，Jiang P. Core-shell structured high-k polymer nanocomposites for energy storage and dielectric applications ［J］. Advanced Materials，2015，27（3）：546-554.

［60］Irwin M T，Hickey R J，Xie S，et al. Structure-conductivity relationships in ordered and disordered salt-doped diblock copolymer/homopolymer blends ［J］. Macromolecules，2016，49（18）：6928-6939.

［61］Ito H A. Domain patterns in copolymer-homopolymer mixtures ［J］. Physical Review E，1998，58（5）：6158.

［62］Ito H，Russell T P，Wignall G D. Interactions in mixtures of poly（ethylene oxide）and poly（methyl methacrylate）［J］. Macromolecules，1987，20（9）：2213-2220.

［63］Iza M，Bousmina M. Nonlinear rheology of immiscible polymer blends：Step strain experiments ［J］. Journal of Rheology，2000，44（6）：1363-1384.

［64］Jackson E A，Hillmyer M A. Nanoporous membranes derived from block copolymers：From drug delivery to water filtration［J］. American Chemical Society Nano，2010，4（7）：3548-3553.

［65］Jacoby M. Block copolymers for lithography ［J］. Chemical & Engineering News，2014，92（20）：8-12.

［66］Jia X L，Listak J，Witherspoon V，et al. Effect of matrix molecular weight on the coarsening mechanism of polymer-grafted gold nanocrystals [J]. Langmuir, 2010, 26 (14): 12190-12197.

[67] Jiang G, Hore M J A, Gam S, et al. Gold nanorods dispersed in homopolymer films: Optical properties controlled by self-assembly and percolation of nanorods [J]. ACS nano, 2012, 6 (2): 1578-1588.

[68] Juan Y T, Lai Y F, Li X, et al. Self-Assembly of Gyroid-Forming Diblock Copolymers under Spherical Confinement [J]. Macromolecules, 2023, 56 (2): 457-469.

[69] Jun T, Lee Y, Jo S, et al. Composition fluctuation inhomogeneity of symmetric diblock copolymers: χN effects at order-to-disorder transition [J]. Macromolecules, 2018, 51 (1): 282-288.

[70] Kamkar M, Salehiyan R, Goudoulas T B. Large amplitude oscillatory shear flow: Microstructural assessment of polymeric systems [J]. Progress in Polymer Science, 2022, 132 (12): 101580.

[71] Kao J, Bai P, Lucas J M, et al. Size-dependent assemblies of nanoparticle mixtures in thin films [J]. Journal of the American Chemical Society, 2013, 135 (5): 1680-1683.

[72] Khan J, Harton S E, Akcora P, et al. Polymer crystallization in nanocomposites: Spatial reorganization of nanoparticles [J]. Macromolecules, 2009, 42 (15): 5741-5744.

[73] Kharazmi A, Priezjev N V. Molecular dynamics simulations of the rotational and translational diffusion of a Janus rod-shaped nanoparticle[J]. Journal of Physical Chemistry B, 2017, 121 (29): 7133-7139.

[74] Kim B J, Chiu J J, Yi G R, et al. Nanoparticle-induced phase transitions in diblock-copolymer films [J]. Advanced Materials, 2005, 17 (21): 2618-2622.

[75] Kim J K, Yang S Y, Lee Y, et al. Functional nanomaterials based on block

copolymer self-assembly [J]. Progress in Polymer Science，2010，35（11）：1325-1349.

[76] Kim J，Green P F. Directed assembly of nanoparticles in block copolymer thin films：Role of defects [J]. Macromolecules，2010，43（24）：10452-10456.

[77] Komura S，Kodama H. Two-order-parameter model for an oil-water-surfactant system [J]. Physical Review E，1997，55（2）：1722.

[78] Koo J H. Polymer Nanocomposites：Processing，Characterization，and Applications [M]. New York：McGraw-Hill Education，2019.

[79] Lai F Y，Tasciuc T B，Plawsky J. Controlling directed self-assembly of gold nanorods in patterned PS-b-PMMA thin films [J]. Nanotechnology，2015，26（5）：55301.

[80] Lee J I，Cho S H，Park S M，et al. Highly aligned ultrahigh density arrays of conducting polymer nanorods using block copolymer templates [J]. Nano lett，2008，8（8）：2315-2320.

[81] Lee Y H，Yang Y L，Yen W C，et al. Solution self-assembly and phase transformations of form II crystals in nanoconfined poly（3-hexyl thiophene）based rod-coil block copolymers [J]. Nanoscale，2014，6（4）：2194-2200.

[82] Lekkerkerker H N W，Stroobants A. Colloids：Ordering entropy [J]. Nature，1998，393（6683）：305.

[83] Lemons D S，Gythiel A. Paul Langevin's 1908 paper "On the Theory of Brownian Motion" [J]. American Journal of Physics，1997，65（11）：1079-1081.

[84] Li W，Dong B，Yan L. Janus nanorods in shearing-to-relaxing polymer blends [J]. Macromolecules，2013，46（18）：7465-7476.

[85] Lin Y，Böker A，He J，et al. Self-directed self-assembly of nanoparticle/

copolymer mixtures [J]. Nature, 2005, 434 (7029): 55-59.

[86] Listak J, Bockstaller M R. Stabilization of grain boundary morphologies in lamellar block copolymer/nanoparticle blends [J]. Macromolecules, 2006, 39 (17): 5820-5825.

[87] Liu B, Tong C, Yang Y. The kinetics and phase patterns in a ternary mixture coupled with chemical reaction of A+BC[J]. Journal of Physical Chemistry B, 2001, 105 (41): 10091-10100.

[88] Lo C T, Lin W T. Effect of rod length on the morphology of block copolymer/magnetic nanorod composites [J]. Journal of Physical Chemistry B, 2013, 117 (17): 5261-5270.

[89] Lu X, Zhang W, Wang C, et al. One-dimensional conducting polymer nanocomposites: Synthesis, properties and applications [J]. Progress in Polymer Science, 2011, 36 (5): 671-712.

[90] Luo K, Yang Y. Orientational phase transitions in the hexagonal cylinder phase and kinetic pathways of lamellar phase to hexagonal phase transition of asymmetric diblock copolymers under steady shear flow [J]. Polymer, 2004, 45 (19): 6745-6751.

[91] Ma R, Mu G, Zhang H, et al. Percolation analysis of the electrical conductive network in a polymer nanocomposite by nanorod functionalization [J]. Royal Society of Chemistry Advances, 2019, 9 (62): 36324-36333.

[92] Mackay M E, Tuteja A, Duxbury P M, et al. General strategies for nanoparticle dispersion [J]. Science, 2006, 311 (5768): 1740-1743.

[93] Mai Y W, Yu Z Z. Polymer nanocomposites [M]. 2006.

[94] Majidi M, Bijarchi M A, Arani A G, et al. Magnetic field-induced control of a compound ferrofluid droplet deformation and breakup in shear flow using a hybrid lattice Boltzmann-finite difference method [J]. International

Journal of Multiphase Flow，2022，146（5）：103846.

［95］ Martínez V F J，Escobedo F A. Bicontinuous phases in diblock copolymer/homopolymer blends：Simulation and self-consistent field theory［J］. Macromolecules，2009，42（5）：1775-1784.

［96］ Matsen M W. Effect of architecture on the phase behavior of AB-type block copolymer melts［J］. Macromolecules，2012，45（4）：2161-2165.

［97］ Meli L，Arceo A，Green P F. Control of the entropic interactions and phase behavior of athermal nanoaprticle/homopolymer thin film mixtures［J］. Soft Matter，2009，5（3）：533-537.

［98］ Meuer S，Oberle P，Theato P，et al. Liquid crystalline phases from polymer-functionalized TiO2 nanorods［J］. Advanced Materials，2007，19（16）：2073-2078.

［99］ Moussavi B R，Jamali Y，Karimi R，et al. Brownian dynamics simulation of nucleocytoplasmic transport：A coarse-grained model for the functional state of the nuclear pore complex［J］. Public Library of Science Computational Biology，2011，7（6）：1002049.

［100］ Müller K，Bugnicourt E，Latorre M，et al. Review on the processing and properties of polymer nanocomposites and nanocoatings and their applications in the packaging，automotive and solar energy fields［J］. Nanomaterials，2017，7（4）：74.

［101］ Muthukumar M，Ober C K，Thomas E L. Competing interactions and levels of ordering in self-organizing polymeric materials［J］. Science，1997，277（5330）：1225-1232.

［102］ Nepal D，Onses M S，Park K，et al. Control over position，orientation，and spacing of arrays of gold nanorods using chemically nanopatterned surfaces and tailored particle-particle-surface interactions［J］. American Chemical Society Nano，2012，6（6）：5693-5701.

［103］ Neumann J V. Theory of Self-reproducing Automata ［M］. Champain: Univ of Illionis Press, 1996.

［104］ Nie Z, Fava D, Kumacheva E, et al. Self-assembly of metal-polymer analogues of amphiphilic triblock copolymers ［J］. Nature Materials, 2007, 6（8）: 609-614.

［105］ Nikoubashman A, Davis R L, Michal B T, et al. Thin films of homopolymers and cylinder-forming diblock copolymers under shear ［J］. American Chemical Society Nano, 2014, 8（8）: 8015-8026.

［106］ Ohta T, Enomoto Y, Harder J L, et al. Anomalous rheological behavior of ordered phases of block copolymers ［J］. Macromolecules, 1993, 26（18）: 4928-4934.

［107］ Ohta T, Ito A. Dynamics of phase separation in copolymer-homopolymer mixtures ［J］. Physical review. E, Statistical physics, plasmas, fluids, and related interdisciplinary topics, 1995, 52（5）: 5250-5260.

［108］ Ohta T, Kawasaki K. Equilibrium morphology of block copolymer melts ［J］. Macromolecules, 1986, 19（10）: 2621-2632.

［109］ Ohta T, Nozaki H, Doi M. Computer simulations of domain growth under steady shear flow ［J］. The Journal of Chemical Physics, 1990, 93（4）: 2664-2675.

［110］ Oono Y, Bahiana M. ⅔-Power law for copolymer lamellar thickness implies a ⅓-power law for spinodal decomposition ［J］. Physical Review Letters, 1988, 61（9）: 1109.

［111］ Oono Y, Puri S. Computationally efficient modeling of ordering of quenched phases ［J］. Physical Review Letters, 1987, 58（8）: 836.

［112］ Oono Y, Puri S. Study of phase-separation dynamics by use of cell dynamical systems. I. Modeling ［J］. Physical Review A, 1988, 38（1）: 434.

［113］ Osipov M A, Kudryavtsev Y V, Ushakova A S, et al. Orientational ordering of nanorods of different length in diblock copolymers［J］. Liquid Crystals, 2018, 48（13-15）: 2065-2073.

［114］ Osipov M A, Ushakova A S, Gorkunov M V. Orientational ordering of nanorods in diblock copolymers［J］. Liquid Crystals, 2017, 44（12-13）: 1861-1869.

［115］ Pan J X, Zhang J J, Wang B F, et al. A Diblock-Diblock Copolymer Mixture under Parallel Wall Confinement［J］. Chinese Physics Letters, 2013, 30（4）: 46401.

［116］ Pan J X, Zhang J J, Wang B F, et al. Phase behaviors in a binary mixture of diblock copolymers confined between two parallel walls［J］. Chinese Physics B, 2013, 22（2）: 26401.

［117］ Park J H, Joo Y L. Formation of interconnected morphologies via nanorod inclusion in the confined assembly of symmetric block copolymers［J］. Physical Chemistry Chemical Physics, 2014, 16（19）: 8865-8871.

［118］ Pasyuk V L, Lauter H J, Ausserre D, et al. Effect of nanoparticle size on the internal structure of copolymer-nanoparticles composite thin films studied by neutron reflection［J］. Physica B: Condensed Matter, 1998, 241-243: 1092-1094.

［119］ Pasyuk V L, Lauter H J, Ausserre D, et al. Neutron reflectivity studies of composite nanoparticl-copolymer thin films［J］. Physica B: Condensed Matter, 1998, 248（1）: 243-245.

［120］ Peng G, Qiu F, Ginzburg V V, et al. Forming supramolecular networks from nanoscale rods in binary, phase-separating mixtures［J］. Science, 2000, 288（5472）: 1802-1804.

［121］ Pinna M, Zvelindovsky A V, Guo X, et al. Diblock copolymer sphere morphology in ultra thin films under shear[J]. Soft Matter, 2011, 7(15): 6991-6997.

[122] Pinna M, Zvelindovsky A V, Todd S, et al. Cubic phases of block copolymers under shear and electric fields by cell dynamics simulation. I. Spherical phase [J]. The Journal of Chemical Physics, 2006, 125 (15): 154905.

[123] Pinna M, Zvelindovsky A V. Kinetic pathways of gyroid-to-cylinder transitions in diblock copolymers under external fields: Cell dynamics simulation [J]. Soft Matter, 2008, 4 (2): 316-327.

[124] Ploshnic E, Salant A, Banin U, et al. Hierarchical surface patterns of nanorods obtained by co-assembly with block copolymers in ultrathin films [J]. Advanced Materials, 2010, 22 (25): 2774-2779.

[125] Ploshnik E, Salant A, Banin U, et al. Co-assembly of block copolymers and nanorods in ultrathin films: Efects of copolymer size and nanorod filling fraction[J]. Physical Chemistry Chemical Physics, 2010, 12(38): 11885-11893.

[126] Puri S, Oono Y. Study of phase-separation dynamics by use of cell dynamical systems. II. Two-dimensional demonstrations [J]. Physical Review A, 1988, 38 (3): 1542.

[127] Rasin B, Chao H K, Jiang G Q, et al. Dispersion and alignment of nanorods in cylindrical block copolymer thin films[J]. Soft Matter, 2016, 12 (7): 2177-2185.

[128] Rittigstein P, Priestley R D, Broadbelt L J, et al. Model polymer nanocomposites provide an understanding of confinement effects in real nanocomposites [J]. Nature Materials, 2007, 6 (4): 278-282.

[129] Roan J R, Shakhnovich E I. Phase separation of a binary fluid containing surfactants in a Hele-Shaw cell [J]. Physical Review E, 1999, 59 (2):

2109.

［130］ Ruhland T M，Gröschel A H，Walther A，et al. Janus cylinders at liquid-liquid interfaces ［J］. Langmuir，2011，27（16）：9807-9814.

［131］ Seul M，Andelman D. Domain shapes and patterns：The phenomenology of modulated phases ［J］. Science，1995，267（5197）：476-483.

［132］ Shao Z，Zhang D，Hu W，et al. Transition mechanisms of three-dimensional nanostructures formed from geometrically constraining （AB）（f）star block copolymers ［J］. Polymer：The International Journal for the Science and Technology of Polymers，2019，177（5317）：202-207.

［133］ Shi L Y，Lan J，Lee S，et al. Vertical lamellae formed by two-step annealing of a rod-coil liquid crystalline block copolymer thin film ［J］. American Chemical Society Nano，2020，14（4）：4289-4297.

［134］ Shinozaki A，Oono Y. Spinodal decomposition in a Hele-Shaw cell ［J］. Physical Review A，1992，45（4）：R2161.

［135］ Spontak R J，Shankar R，Bowman M K，et al. Selectivity and size-induced segregation of molecular and nanoscale species in microphase-ordered triblock copolymers ［J］. Nano Letters，2006，6（9）：2115-2120.

［136］ Su W C，Wu Y S，Wang C F，et al. Self-assembled structures of diblock copolymer/homopolymer blends through multiple complementary hydrogen bonds ［J］. Crystals，2018，8（8）：330.

［137］ Sun M，Zhang J，Wang D，et al. Domain patterns in a diblock copolymer-diblock copolymer mixture with oscillatory particles ［J］. Physical Review E，2011，84（1）：11802.

［138］ Tang Q Y，Ma Y Q. Self-assembly of rod-shaped particles in diblock-copolymer templates［J］. Journal of Physical Chemistry B，2009，113（30）：10117-10120.

［139］ Thompson R B，Ginzburg V V，Matsen M W，et al. Predicting the mesophases of copolymer-nanoparticle composites [J]. Science, 2001, 292 (5526): 2469-2472.

[140] Thorkelsson K, Bai P, Xu T. Self-assembly and applications of anisotropic nanomaterials: A review [J]. Nano Today, 2015, 10 (1): 48-66.

[141] Thorkelsson K, Mastroianni A J, Ercius P, et al. Direct nanorod assembly using block copolymer-based supramolecules [J]. Nano Letters, 2011, 12 (1): 498-504.

[142] Thorkelsson K, Nelson J H, Alivisatos A P, et al. End-to-end alignment of nanorods in thin films [J]. Nano Letters, 2013, 13 (10): 4908-4913.

[143] Tong C, Yang Y. Phase-separation dynamics of a ternary mixture coupled with reversible chemical reaction [J]. The Journal of Chemical Physics, 2002, 116 (4): 1519-1529.

[144] Tripathy M, Schweizer K S. Theoretical study of the structure and assembly of janus rods [J]. Journal of Physical Chemistry B, 2013, 117 (1): 373-384.

[145] Van Zoelen W, Gert A V E, Ikkala O, et al. Incorporation of PPE in lamellar self-assembled PS-b-P4VP (PDP) supramolecules and PS-b-P4VP diblock copolymers [J]. Macromolecules, 2006, 39 (19): 6574-6579.

[146] Walther A, Drechsler M, Rosenfeldt S, et al. Self-assembly of Janus cylinders into hierarchical superstructures [J]. Journal of the American Chemical Society, 2009, 131 (13): 4720-4728.

[147] Wang T, Zhuang J, Lynch J, et al. Self-assembled colloidal superparticles from nanorods [J]. Science, 2012, 338 (6105): 358-363.

[148] Wang Z, Sun S, Li C, et al. Controllable multicompartment morphologies from cooperative self-assembly of copolymer-copolymer blends [J]. Soft Matter, 2017, 13 (35): 5877-5887.

［149］ Wolfram S. Computation theory and applications of cellular automata ［M］. Singapore: World Scientific, 1986.

［150］ Wright D B, Patterson J P, Pitto B A, et al. The copolymer blending method: A new approach for targeted assembly of micellar nanoparticles ［J］. Macromolecules, 2015, 48（18）: 6516-6522.

［151］ Written T A. Insights from soft condensed matter ［J］. Reviews of Modern Physics, 1999, 71（2）: S367.

［152］ Xie J, Shi A C. Formation of complex spherical packing phases in diblock copolymer/homopolymer blends ［J］. Giant, 2021, 5: 100043.

［153］ Xu C, Ohno K, Ladmiral V, et al. Dispersion of polymer-grafted magnetic nanoparticles in homopolymers and block copolymers ［J］. Polymer, 2008, 49（16）: 3568-3577.

［154］ Xu C, Ohno K, Ladmiral V, et al. Simultaneous block copolymer and magnetic nanoparticle assembly in nanocomposite films ［J］. Macromolecules, 2009, 42（4）: 1219-1228.

［155］ Xu K, Guo R H, Dong B J, et al. Directed self-assembly of Janus nanorods in binary polymer mixture: Towards precise control of nanorod orientation relative to interface ［J］. Soft Matter, 8（37）: 9581-9588.

［156］ Yan L T, Balazs A C. Self-assembly of nanorods in ternary mixtures: Promoting the percolation of the rods and creating interfacially jammed gels ［J］. Journal of Materials Chemistry, 2011, 21（37）: 14178-14184.

［157］ Yan L T, Maresov E, Buxton G A, et al. Self-assembly of mixtures of nanorods in binary, phase-separating blends ［J］. Soft Matter, 2011, 7（2）: 595-607.

［158］ Yan L T, Popp N, Ghosh S K, et al. Self-assembly of Janus nanoparticles in diblock copolymers ［J］. American Chemical Society Nano, 2010, 4（2）: 913-920.

［159］ Yan N，Liu H，Zhu Y，et al. Entropy-driven hierarchical nanostructures from cooperative self-assembly of gold nanoparticles/block copolymers under three-dimensional confinement ［J］. Macromolecules，2015，48（16）：5980-5987.

［160］ Yang S Y，Yang J A，Kim E S，et al. Single-file diffusion of protein drugs through cylindrical nanochannels ［J］. American Chemical Society Nano，2010，4（7）：3817-3822.

［161］ Yeh S W，Wei K H，Sun Y S，et al. CdS nanoparticles induce a morphological transformation of poly（styrene-b-4-vinylpyridine）from hexagonally packed cylinders to a lamellar structure ［J］. Macromolecules，2005，38（15）：6559-6565.

［162］ Zhang B，Xie S，Lodge T P，et al. Phase Behavior of Diblock Copolymer-Homopolymer Ternary Blends with a Compositionally Asymmetric Diblock Copolymer ［J］. Macromolecules，2021，54（1）：460-472.

［163］ Zhang D，Cheng J，Jiang Y W，et al. Orientation transition of nanorods induced by polymer brushes ［J］. Journal of Polymer Science Part B：Polymer Physics，2013，51（6）：392-402.

［164］ Zhang Q L，Gupta S，Emrick T，et al. Surface-functionalized CdSe nanorods for assembly in diblock copolymer templates ［J］. Journal of the American Chemical Society，2006，128（12）：3898-3899.

［165］ Zhang W J，Hong C Y，Pan C Y. Polymerization-induced self-assembly of functionalized block copolymer nanoparticles and their application in drug delivery ［J］. Macromolecular Rapid Communications，2019，40（2）：1800279.

［166］ Zheng C，Zhang B，Bates F S，et al. Self-assembly of partially charged diblock copolymer-homopolymer ternary blends ［J］. Macromolecules，2022，55（11）：4766-4775.

［167］Zhou H J，Zhang Y，Qu-yang Z C. Bending and base-stacking interaction in double-stranded DNA［J］. Physical Review Letters，1999，82（22）：4560.

［168］Zhou Y X，Huang M X，Lu T，et al. Nanorods with different surface properties in directing the compatibilization behavior and the morphological transition of immiscible polymer blends in both shear and shear-free conditions［J］. Macromolecules，2018，51（8）：3135-3148.

［169］Zylka W，Ottinger H C. A comparison between simulations and various approximations for Hookean dumbbells with hydrodynamic interaction［J］. The Journal of Chemical Physics，1989，90（1）：474-480.

二、中文文献

［1］［德］Heermann D W. 理论物理学中的计算机模拟方法［M］. 秦克诚，译. 北京：北京大学出版社，1996.

［2］樊娟娟，于秀玲，梁雪梅. AB/CD 嵌段共聚物共混体系多尺度结构的自洽场模拟［J］. 物理学报，2013，62（15）：158105.

［3］冯端，冯步云. 放眼晶态之外：漫谈凝聚态物质之二［M］. 长沙：湖南教育出版社，1994.

［4］刘冬梅，戴利均，段晓征，等. 均聚物/两嵌段共聚物/均聚物三元聚合物共混体系界面性质的 Monte Carlo 模拟［J］. 高等学校化学学报，2015，36（9）：1752-1758.

［5］陆坤权，刘寄星. 软物质物理——物理学的新学科［J］. 物理，2009，38（7）：453-461.

［6］罗勇，欧阳文斌，杨其，等. 振荡剪切场下 PS/PVME 共混物的相分离动力学研究相分离的依时性及应力响应［J］. 高分子学报，2006（4）：557-563.

［7］马余强. 软物质的自组织［J］. 物理学进展，2002，22（1）：26.

［8］王康颖，马才媛，蔚慧敏，等．振荡场作用下聚合物/纳米棒混合体系的自组装［J］．物理学报，2023，72（7）：416-422．

［9］谢帆，周持兴，俞炜，等．小振幅振荡剪切对聚合物反应的影响[C]//2005年全国高分子学术论文报告会论文摘要集，2005．

［10］晏华．超分子液晶［M］．北京：科学出版社，2000．